“社会空间视野的上海纪事”书系

于海　主编

从模范社区到纪念地

From Model Community to Monumental Site

一个工人新村的变迁史

A Workers' Village through History

杨辰　著

同济大学出版社
TONGJI UNIVERSITY PRESS

图书在版编目（CIP）数据

从模范社区到纪念地：一个工人新村的变迁史 =
From Model Community to Monumental Site:A
Workers' Village through History / 杨辰著 .—上
海：同济大学出版社，2019.9
（社会空间视野的上海纪事书系 / 于海主编）
ISBN 978-7-5608-8539-1

Ⅰ．①从… Ⅱ．①杨… Ⅲ．①城市社会学－研究－上
海 Ⅳ．① C912.81

中国版本图书馆 CIP 数据核字（2019）第 098577 号

本书由上海市新闻出版专项资金资助出版
书中部分研究获国家自然科学基金资助（项目批准号：51778434，51608365）
部分图片承蒙上海图书馆、解放日报社惠允

从模范社区到纪念地：一个工人新村的变迁史

杨辰　著

出 品 人　华春荣
责任编辑　江　岱　　助理编辑　周　轩　　责任校对　徐春莲　　装帧设计　张　微

出版发行　同济大学出版社 www.tongjipress.com.cn
（地址：上海市四平路 1239 号　邮编：200092　电话：021-65985622）
经　　销　全国各地新华书店
印　　刷　上海安枫印务有限公司
开　　本　787mm×960mm　1/16
印　　张　14.25
字　　数　285 000
版　　次　2019 年 9 月第 1 版　　2019 年 9 月第 1 次印刷
书　　号　ISBN 978-7-5608-8539-1
定　　价　68.00 元

献给

为重建中国作出贡献的新村工人

“社会空间视野的上海纪事”书系

总序

于海

上海研究是国际显学，但从来是上海历史研究一枝独秀，从20世纪50年代以来高品质的佳作不断面世，不乏后来被尊为经典的作品。题材广泛，无所不包，如族群（《上海苏北人》）、政治（《上海罢工》）、经济（《中国资产阶级的黄金时代》）、色情业（《上海妓女》《危险的愉悦》）、租界（《清末上海租界社会》）等。上海以港兴市，在第一次鸦片战争后迅速崛起为中国最繁荣的通商口岸，历史的地理品性格外凸显，透过五花八门的历史主题，我们不难发现一条空间化的叙事逻辑。日本作家村松梢风以小说《魔都》一书成名，“魔都”也成为上海人自我认同的城市名号。上海何以被称为“魔都”？在笔者看来，因为上海的“魔性”。魔性来自哪里？来自因租界而形成的两个不同性质的空间共存于上海的局面，“这‘两个不同性质的空间’（即租界和县城）相互渗透、相互冲突的结果，使上海成为一座举世无双的‘兼容’的都市，由此而产生了种种奇特的现象”[1]。一本20世纪30年代用英文出版的上海旅游指南上赫然写道：“上海是一个充满了美妙的矛盾与奇异反差的国际大都会。她俗艳，然而美丽；虚荣，但又高雅。上海是一幅宽广壮阔、斑驳陆离的画卷，中国与外国的礼仪和道德相互碰撞，东西方的最好与最坏在这里交融。”[2]但有时说奇特、奇异还远远不够分量，当时名义上上海还是清王朝的辖地，“但实际上它已经成为一个特殊的‘国际社会’；中、英、法三方都无法在此实行全面的管理，这也使得上海的政治束缚较少，专制、钳制较弱，大大有利于贸易和经济的自由发展”[3]。上海城市空间的中心与边缘的权力格局，正是在租界与华界的历史划分中形成的，并一直延续至今。把上海发展的地理基因讲得最为直白的是美国学者墨菲，笔者已在著述中多次引用，这里不妨再做一次文抄公：

上海的经济领导地位在地理上的逻辑，很可能会证明比任何政治论据更加强大有力，更加令人信服。大城市不会偶然地出现，它们不会为一时的狂想所毁灭。地理上的事实曾经创立了上海。[4]

地理学家明白，“针尖上不会发生什么”，地理的事实创立了上海，也创造了上海的族群。韩起澜关于“苏北人不是在苏北的人，而是在上海才成为苏北人”的断言，清楚地表明族群的形成不只是一个社会的叙事，更应是一个社会地理的叙事。

以上从海外上海学的历史文本引出的话题，指向的正是本丛书标榜的“社会空间视野的上海纪事”。“上海纪事”既是纪事本末，更是当代叙事，本丛书立志以上海研究的历史经典为范，聚焦今日上海，创出当代的都市“竹枝词”。“社会空间视野”是理论、是方法，这一为马克思主义地理学所创并强调的观点，可由法国学者列斐伏尔的一段话来表述，

生产的各种社会关系具有一种社会存在，但唯有它们的存在具有空间性才会如此；它们将自己投射于空间，它们在生产空间的同时将自己铭刻于空间。否则，它们就会永远处于“纯粹的”抽象，也就是说，始终处于表象的领域，从而也就始终处于意识形态。[5]

社会关系的空间性存在，可视为“社会空间视野”（social spatial perspective, SSP）的要义；而空间实在的社会性塑造，也是SSP的题中应有之义。这两句合起来，构成我们对本丛书主题之方法论的理解。本丛书或将延续经年，但无论前景如何，我们的主题必须体现上海研究的社会空间取向，以下丛书的选题说明本丛书的学术旨趣。

例一是上海工人新村纪事。在原有八十平方公里建成区的外缘兴起的工人住区，既是当代上海的一个空间事件，也是社会主义上海的一个社会事件；工人新村的居民不是通过市场走入新村的，而是在模范员工的竞争中由代表国家意志的单位选拔出来，成为新村居民的。一场体现新社会政治和道德标准的社会分层，与表征国家主人公身份的空间地位，通过工人新村结合起来。在上海人的记忆中，第一个工人新村——上海曹杨一村，就是优越住宅和优越社会地位合一的同义词。历经六十年变迁，今日的劳模二代，仍然住在曾经荣耀的父母留给他们的新村里；昔日的模范住宅已经破落，因为新村作为具有“红色基因”的文物，需要整体保护，从而失去通过城市更新带来住房改善的机会。他们可称为此轮社会变迁的“落伍者”。除了研究者外，甚至没有人听闻“劳模二代”的说法，他们这一代人，完全没有了与其父母匹配的社会地位和声望。通过工人新村的纪事本末，我们不

难一窥六十年来社会分层的消息。

例二是上海商街主题。提到商业，稍稍熟悉上海历史的，马上会在脑际跳出“以港兴市”四个字，这分明说，地理和商业是上海繁盛的两大因素。上文提到的墨菲，除了说地理逻辑比任何政治论据更强大，还说商业的重要性更甚于工业[6]；但墨菲所言的商业，全在埠际和国际贸易，并无坊间的零售商业，现代上海兴起于通商，若不谈社区商业，说商业为上海发展动力就不全面。上海开埠时人口约 20 万，100 年后约 500 万。学界公认，人口规模为上海崛起的关键，但若没有城市零售商业的跟进，数百万的移民无法安顿，日益扩张的城区亦无法玩转。玩转外滩的，或是中外银行的大亨和交易所的高手，但让上海这座中国最大移民城市运转起来的却是密布在其大街小巷的零售店铺和生活在弄堂里的普通上海人；移民、商铺、商居混合的街坊格局，这是百多年前移民落脚上海的故事，不也是今日移民落脚上海的故事？如果套用列斐伏尔空间三重性概念：第一，商街是一个结构化的空间（structured space），这是指商业和居住在空间构造上的内在勾连，是商居一体的社会空间，其商铺的创设本就源自社区生活的日常需要，而商铺的创业者多半也是社区的居民。这样，商街并非一列浅浅的、单纯的商业店面，而是商居交织的网络并发生稠密互动的社会空间。第二，商街是一个家居的空间（lived space），家居性不仅让商业获得持续的购买需求，也为“居改非”提供了新增商铺所需的空间资源，关键是上海的社区商业原本就是起源于住区。正是由于起源于生活的空间，所以不仅昔日能有兼具就业和居住的经济型的里弄开店，而且也使今日的商铺创业成为移民落户上海的方便途径。最后，商街是一个想象的空间（imaged space），社区商街不仅具有物理的（商居混合）和社会的（生活世界）的维度，同样也具有想象的和象征的维度。例如，无论是对业主还是对消费者或游客，田子坊都是一个充满文化意涵和象征价值的景观地，而非单纯的商街，因为对业主来说，他们清楚他们的生意一半卖的是东西，一半卖的是空间，确切地说是被想象的空间；而对上海本地天性恋旧的中年以上的人士来说，田子坊就是安顿他们少年、青年记忆和弄堂情结的地方。

以上只是依据社会空间理论对本丛书的部分选题所做的简略分析，它无意取代城市研究的其他理论和方法，但我们愿意重温列斐伏尔的告诫，“低估、忽视或贬抑空间，也就等于高估了文本、书写文字和书写系统（无论是可读的系统还是可视的系统），赋予它们以理解的垄断权”[7]。必须强调的是，列氏说的空间，从来是勾连空间的社会性和社会的空间性的辩证论说。以列氏话语分析产业空间，能看到的绝非只是空间中的产业形态，更要关心空间的权力关系和互动格局。而如此这般的（产业）空间本身，也并非产业或机器的容器，社会空间视野的分析，恰恰是把重点从空间中的生产，转向空间本身的生产。以上海田子坊为例，空间的生产不只是创造了一个文创产业，更是生产出一组象征空间和空间叙事，不同的精英合力参与了这场空间语言的改写：艺术精英创造了一个田子坊的空间传奇，并以“田子坊”之名将一件俗事变成一个圣物；学术精英的话语则为田子坊建构一个意义丰富的叙事，正当性叙事——历史街区保护的正当性、文化产业发展的先进性。把田子坊只说成一个文创园区，是把它的意义狭隘了，确切地说，是把它的社会空间的多重面向丢失了。

我们的议论是从声誉卓著的上海历史学研究开始的，从时间的叙事，我们看到了空间的逻辑。但本丛书并非只是空间文本，“纪事”的标题已经显示我们的抱负，既是空间的，也是历史的。丛书的主题，已选的和待选的，无论是工人新村、商街、创意园区，还是娱乐空间、滨江岸线、里弄世界等，都力求以历史（纪事）为经，以场所（社会空间）为纬，以历史意识和空间敏感，来书写当代上海的春秋，美国学者苏贾下面的话，代表了丛书对“社会空间视野的上海纪事”的认知和定位：

存在的生活世界不仅创造性地处于历史的构建，而且还创造性地处于对人文地理的构筑，对社会空间的生产，对地理景观永无休止的构形和再构形：社会存在在一种显然是历史和地理的语境化中被积极地安置于空间和时间。[8]

---

1. 转引自熊月之、周武主编：《海外上海学》，上海古籍出版社，2004，第 317 页。
2. *All About Shanghai and Environs: The 1934–35 Standard Guide Book* (Shanghai: The University Press, 1935), p.43. 译文引自刘香成、凯伦·史密斯编著《上海 1842—2010：一座伟大城市的肖像》，金燕等译，世界图书出版公司，2010，前勒口。
3. 唐振常：《近代上海繁华录》，商务印书馆国际有限公司，1993，第 111 页。
4. 罗兹·墨菲：《上海：现代中国的钥匙》，上海社会科学院历史研究所编译，上海人民出版社，1986，第 249 页。
5. 转引自爱德华·W. 苏贾：《后现代地理学：重申批判社会理论中的空间》，王文斌译，商务印书馆，2004，第 194 页。
6. Rhoads Murphey: *Shanghai: Key to Modern China*, Harvard University Press, 1953, p.203.
7. 转引自包亚明主编：《现代性与空间的生产》，上海教育出版社，2003，第 93 页。
8. 苏贾：《后现代地理学》，第 16 页。

目　次

插图与表格列表

引言

提起“工人新村”，上海市民不会陌生。这些建于20世纪50—90年代市区边缘、近郊或远郊，服务于国有企业职工，由3～6层砖混结构住宅构成的行列式小区，是今天上海最具特色的住区类型和城市景观之一。虽然工人新村在1990年代以后逐渐退出了住房建设市场，不少第一代新村在旧城改造过程中也被拆除，但工人新村依然是上海城市空间和社会结构的重要组成。新村产生、发展、停滞、衰败以及更新的过程（1949—2010年）深深地嵌入上海这60年的空间发展与社会变革之中，本书即是对这一过程的研究与反思。我相信，工人新村是理解20世纪中叶至今中国城市现象的独特切入点，新村经验对于当下的公房建设与社区治理也具有重要的借鉴意义。

社会变革中的上海工人新村

20世纪上半叶的上海是中国资本主义工商业的中心，也是国民政府的政治、经济基地。1949年以后，这座曾经的“远东第一大都市”开始了它的社会主义改造与建设。政府意识到，对上海的改造“是中国革命由农村进入城市的历史标识，也是国际社会关注中国共产党能否在城市站得住脚，并长远掌握政权的焦点所在”。[1]从1950年代开始，一系列的改造在上海付诸实施：私人企业的公私合营，私人住房的国家经租，建立单位制[2]，推行户籍制度，废保甲成立居民委员会，支援“三线”，人民公社化运动，上山下乡运动，等等。从此，私营工厂改造为国有企业，房地

1. 庞松，1997：284-312

2. “单位制”被认为是中国社会主义社会在城镇地区最具特色的组织制度。所谓“单位”，是在城镇地区基于中国社会主义政治制度和计划经济体制所形成的一种特殊组织，是国家进行社会控制、资源分配和社会整合的组织化形式。其典型形态是城市社会中的党和政府机构（行政单位）、国有管理及服务机构（事业单位）和国有企业单位。（李路路，2013：11）

产市场被“统一投资、统一建造、统一分配、统一管理”的公房体系所取代，流动混杂的基层社会也被纳入居委会的管理范畴。这一时期的上海，尽管缺少中央财政支持而未能展开大规模的城市建设[1]，但激进的改造措施依然通过“为数不多的空间拓展”——工人新村计划，在城市中留下了重要的印记。

1990年代后，党的工作重心转到经济建设上，上海作为国家经济发展的龙头重新找到了自己的位置。快速城市化带来房地产业的繁荣，新城开发和旧城改造成为上海城市空间发展的两个重要引擎。与此同时，国企改革、单位制解体、住房私有化改革导致新村的式微。新村工人的下岗、再就业、社会融入，以及工人新村的保护与改造也成为新时期社会治理与城市更新的重要议题。

正如列斐伏尔[2]所说，“一场革命，如果没有产生出新的空间，那么它就没有释放其全部的潜能；如果只是改变意识形态结构和政治体制，而没有改变生活的话，它也是失败的。真正的社会变革，必定会在日常生活、语言和空间中体现出它具有创造力的影响。”[3]工人新村也是如此。无论是1950年代以来的社会主义改造，还是1990年代以来的城市大开发，外部环境的每一次变化都会对微观社区产生剧烈的影响。因此，研究一个工人新村从模范社区到纪念地、从光荣到褪色的过程，可以让我们窥见上海——这座复杂又充满魅力的大都市——60年波澜壮阔的社会变革。

关于“工人新村”

本书中的“工人新村”指1949—1978年由政府出资，按照统一投资、统一建造、统一分配、统一管理的原则，为工人群体建造的公共住宅。这里的“工人”特指1949年以后的国有企业职工，而“新村”的概念则较为复杂。实际上，新村不是

1. 作为资本主义大本营的上海并未获得新政府的信任，这一时期国家的发展战略是限制东部沿海大城市，积极发展内陆城市。上海不仅丧失了部分经济和商业活力，还为内陆发展贡献了大批科技专家和技术工人。更重要的是，上海每年要将大部分地方性收入上缴中央，剩余部分的96%还要投入在地方生产性领域。对于城市建设等生活性投资、特别是住宅和公共服务设施投资则长期维持在较低水平。这一矛盾现象（政治、经济和社会环境的剧烈变化与城市空间的相对稳定）是理解计划经济时代上海城市发展的关键。（白吉尔，2005）

2. 列斐伏尔（H. Lefebvre，1901—1991），法国马克思主义哲学家和社会学家，以开创对日常生活的批判而著称，关于城市权和空间生产的概念也有重要影响。

3. Lefebvre，1991：54

1949 年以后的新事物，这一概念早在五四时期就从日本引入中国，并成为流行于新青年之间的一种思潮。其本质是一种乌托邦社会主义，即认为不需要实行暴力革命，也不需要生产力的极大提高，只要在乡村组织推广共同劳动和共同消费，实行各尽所能、各取所需的新村并普及教育，就能逐步建成社会主义天国。从 1920 年代中期开始，在上海等大城市已经出现了以“村”“新村”“模范村”为名的新式里弄、公寓里弄和花园住宅，以及国民政府时期的“平民村”。[1]1949 年以后的“工人新村”与 20 世纪 20—30 年代的“新村”的联系和区别在于：不同时代的新村都希望通过“清洁、卫生、田园风光”的空间意向，创造一种与过去不同的居住形态和生活方式；但工人新村的“新”寄托了更多的社会主义理想，代表着计划经济时代上海的公共住房在投资、建造、分配、管理方面一整套高度集中的“生产方式”，以及单位和居委会对工人群体的双重组织和管理模式。可以说，工人新村不仅是一种居住类型、一种空间实践，它也是一种生产制度、治理手段和生活方式。

相关文献

工人新村是 1949—1978 年期间上海（以及中国其他一些工业城市）最主要的公房类型，但国内对于工人新村的研究却并不多见。[2] 第一次较为集中的学术讨论出现在城市大开发时期（2003 年前后）的文化研究和建筑师著作中，如罗岗、李芸从文化角度对上海工人新村的价值和象征意义的探讨；[3] 付晨和丁桂节对工人新村的空间特征和文化意义的分析等。[4] 这一阶段的思考主要是基于文学文本或建筑空间，几位学者虽然意识到工人新村的价值，但倾向于把工人新村视为一种文化现象或住宅类型，尚未从“长时段”（历史视角）、“社会身份与认同”（社会学视角）、“城市发展”（城市视角）进行系统地分析，尤为欠缺对新村历史

1. 20 世纪 20—30 年代的“新村”有地产商建造的、代表“坚固、清洁、新式、美观”的中产阶级住宅，也有慈善机构和政府建造的“解决社会人士住的问题”的平民福利事业。（李颖春，2017：16–20）
2. 除了汪定曾（1956）和王硕克（1962）两位建筑师在《建筑学报》上发表的项目介绍之外，“工人新村”在相当长时间内都未能成为一个学术研究的对象。截至 2017 年，在中国知网（CNKI）核心期刊和 CSSCI 两类来源的文献中，以“工人新村”为主题有 28 篇，以“工人新村”为篇名的仅 8 篇。
3. 罗岗，2007：91–96；李芸，2006：105–112
4. 付晨，2004；丁桂节，2007

档案的发掘和详实的田野调查。这使得我们无法回答如下的问题：在 1950 年代，政府为什么要建造工人新村？为什么选择“新村”模式为社会主义工人建造住房？新村生活的真正创造者——新村工人从哪里来？他们是怎样的一群人？他们在新村形成了怎样的生活方式？他们如何处理“生活—生产”的关系？在一系列的社会变革中，他们如何利用新村空间和新村社会资源来调整自己与国家、单位的关系？在城市大开发的新环境中，他们的处境与诉求又是什么？如果不弄清楚这些问题，新村研究就无法摆脱“见物不见人”的诟病，也难以对今天城市更新中的“新村问题”提出切实可行的解决方案。

实际上，如果对工人新村的理解从“住宅类型”或“文化现象”扩展到“根植于中国近现代社会史，与意识形态、经济政策、政治运动和技术发展等诸多因素相互作用的居住制度”[1]，新村研究则呈现出一种丰富的可能性。从这一点出发，本书将对以下四个领域中与新村相关的研究进行梳理——上海当代史、工人群体、城市空间与住房政策、1990 年代末以来的旧城改造与社区治理，并在此基础上提出一项综合历史学、社会学、城乡规划学的工人新村研究计划。

上海当代史

法国历史学家白吉尔[2] 对 1949—1990 年的中华人民共和国史进行了梳理，她认为 1949 年以后中国经历了三个阶段的社会主义改造：革命的制度化（1949—1966 年）、回归乌托邦（1966—1976 年）、社会复兴（1977—1990 年）。每个阶段的改造都伴随着持续的经济危机和群众运动，形成独特的“国家—社会”关系。[3] 以上海为例，白吉尔借助大量的中外档案和当事人证词，指出这座曾经的“远东第一大城市”在社会主义改造过程中面临的政治、经济和社会的多重困境，以及如何利用 1990 年以来的经济改革重新找回自己的精神。[4]

除了全景式的叙述，还可以看到上海城市发展的专题性研究。比如，豪（C. Howe）指出，理解 1949 年以后上海曲折发展的关键是分析这座城市经济发展的外

1. 杨辰，2009：38-44
2. 白吉尔（M.C. Bergère，1933—），法国历史学家和汉学家，专攻近代中国经济、社会和政治史。
3. Bergère et al.，1990
4. Bergère，2002

部政策（of the city）和内部政策（in the city）。从外部看，中央政府采取了内陆优先的策略。上海在1990年代以前的发展一直受到限制：生产利润大部分上交国家的同时，还要向内陆地区大量输出技术工人。从内部看，上海采取了一种“没有城市化”的快速工业化策略：通过鼓励家庭主妇参加生产、降薪并增加工作岗位提高工人人口的比例；同时，通过严格的户籍管理，限制农村人口向城市流动。[1]高尔顿（R. Gaulton）指出了在治理上海的最初几年，实施群众路线的重要性。[2]为了获得城市居民的支持，共产党领导人把土改时期“大众动员”的方法[3]运用到城市环境中：在城市成立工会、妇女联合会和青年联合会，组织市民参与抗议国民党的封锁和轰炸，以及针对朝鲜战争的示威活动；在国有企业，领导、动员工人们参加政治学习和生产竞赛；在居民区，工人家属则通过居民委员会的组织，开展邻里互助、小组读报等活动并协助维持地方治安。通过实施“大众动员”政策，政府成功地在党员干部和群众之间建立起一个积极分子网络，保证了中央精神的上传下达，并建立了管理基层社会的两个平行体系：“单位”（工厂）和“居民委员会”（住区）。这一分析提出了“住区是单位以外的、基层社会管理的重要对象”——这对于理解上海工人新村的社会建构具有重要启示。

在1949年以后的中国城市中，“单位”是一种无处不在的组织。每位职工都对应于其所受雇的社会组织，不论是工厂、店铺、学校、医院、研究所、文化团体或政府机关，都有一个共同的名称——“单位”。一般认为“单位制”有三个主要来源：延安时期实行的共产主义配给制度[4]，苏联工厂企业的人事管理方法，中国传统城市的空间规划与管治。[5]单位不仅是工作场所，它还关乎“生产到生活的各个环节”——从车间、岗位的技术职称到住房、教育、医疗等社会福利，甚至休闲、娱乐都需要单位提供。有时单位还具有民事服务（开具介绍信、婚姻证明等）和治

---

1. Howe，1981：153-187
2. Gaulton，1981：35-65
3. 高尔顿认为（Gaulton，1981），中国共产党在抗日战争和第三次国内革命战争（1945—1949年）中取得胜利的重要原因在于善于动员群众为解放军提供向导、情报、军事物资和服务。
4. 在抗日战争和第三次国内革命战争时期，延安作为中国共产党的政治和军事基地，开始尝试建立“单位”体系。（路风，1989：71-88；Brantly，1991：313-332）
5. Walder，1986；Bray，2005

安保卫的功能。可以说，单位是计划经济时代城市居民生活资源最主要的来源。[1] 单位对于工人新村研究极为重要。首先，新村住房作为一种福利和奖励，是由单位分配给工人的。单位对候选人的提名、评议和筛选决定了新村居民的社会构成，并在新村和单位之间建立起一种长久的关系。[2] 其次，单位是衡量工人社会地位的首要标准。在所有制层面上地位越高的单位（例如国有企业），其职工越有可能获得住房。单位赋予职工一种社会身份，并帮助职工对其居住地产生一种归属感。[3] 最后，在城市规划层面，单位厂区和新村住区往往具有相似的空间结构：封闭、自给自足、标准化的建筑形式，以及以培养集体生活为目标的公共服务设施。[4] 这些特征可以帮助我们更好地理解计划经济时代上海工人新村的空间与社会组织的基本原则。

与单位平行的住区管理体系是居民委员会。为了更好地动员群众，特别是"把单位体系以外的居民（老年人、家庭妇女，儿童）组织起来"[5]，上海市政府试图在城市范围内建立起一套有效的管理网络。在1951—1953年的几次尝试之后，政府意识到，新的管理网络不能仅要撤销保甲制度[6]、秘密协会等旧的基层组织，还要在新的空间建立新的组织。[7]1954年，居民委员会出现在上海的工人新村，作为一种群众自治组织，居委会发挥三个作用（提供日常服务、培育集体生活、将基层社会的治理工作进一步地域化），以适应于社会主义城市的居住区规划原则。[8]

毛泽东时代的上海工人群体

工人新村研究既要关注新村，也要关注工人，特别是单位内部的权力关系、行为规范与新村生活之间的关联。霍夫曼（C. Hoffmann）描述了1949年以后中国工人群体在就业、失业、生产力层面的变迁情况，通过对照工会、物质福利和生

1. Ged，1997：262
2. Barnett，1966
3. Li et al.，1996。
4. Bray，2005：123-156；Lu，2006
5. 彭真，1991：240-241
6. 保甲制度可追溯至周朝（前1046—前225年），是一种按单位划分人口的手段。一甲等于十户，一保等于十甲。每个单位（5或10户）由一名长官管辖，担负起地方治安工作，并完成政府交给的某些任务。尽管保甲制度在不同的朝代有着不同的形式，但其主要功能均为人口登记、赋税征收、兵役和街区治安。
7. 郭圣莉，2006
8. 杨辰，2009：38-44

活质量等因素，得出结论：计划经济时代的中国工人在自主性、政治敏感度和参与企业生产方面表现出一种共产主义意识，“奉献”已经内化为工人阶级的一种精神。[1] 魏昂德[2] 基于 1970 年代对工人的访谈，探讨了中国工人与其工作单位之间关系。通过对意识形态、国有企业管理、工人横向和纵向流动等问题的讨论，他认为借助“单位”这一工具，工人和国家 / 政党之间形成一种新型关系，即“新共产传统主义”。这一模式体现了单位体系运行的三个主要特征：①单位中的岗位设定并不遵循市场规律，而是由国家安排，与计划体制和政府预算相关；②工作单位为职工提供的社会福利并不轻易向其他人开放。由于人民政府取缔了官方机构以外的其他工人政治团体，单位领导对职工的晋升和福利分配拥有极大的影响力。在这一环境下，工人们在经济收入上和社会身份方面依赖于企业，在职务晋升和福利方面则依赖于单位领导；③这一依赖性不仅影响着单位的政治生活，也影响着职工的日常行为。[3] 这些发现对于理解毛泽东时代的中国工人群体及其单位文化十分重要。

如果说英语世界学者着重描述工人组织的整体结构，那么法国学者的工作则更多集中在工人群体自身。鲁林[4] 对 1949 年以前“工人阶级”的概念提出质疑。通过对 1930 年代上海工人生产和生活状况、罢工运动，以及他们与政府关系的研究，得出结论：尽管上海工人为捍卫生存权显示出很强的战斗力，但工会始终是表达愤怒的媒介，缺少请愿或谈判等理性渠道。哪怕是在请愿力量集中的工厂，工人组织也只是建立在工友情谊、地区协会、秘密组织和行会的基础上。上海工人很难团结一致，让当局听到自己的声音。换言之，一个稳固的、有着集体意识的“阶级”在 1949 年以前的上海工人中并不存在。[5] 吉浦罗[6] 从个体角度关注中国工人的社会主义变迁。他考察了 20 世纪 50—60 年代的三个中国工业城市（广州、上海和哈尔

1. Hoffmann，1974
2. 魏昂德（A.G. Walder，1953—），美国斯坦福大学社会学教授，长期关注中国社会的转型问题。代表作《共产党社会的新传统主义：中国工业中的工作环境和权力结构》被认为是中国“单位制”研究的起点。
3. Walder，1986
4. 鲁林（A. Roux，1935—），法国历史学家和汉学家，研究领域为 20 世纪中国的工人群体和民国时期的中国政治精英。
5. Roux，1993，1995a，1995b
6. 吉浦罗（F. Gipouloux，1949—），法国经济史学家和汉学家。

滨），提出应从工人和工作环境的角度而不是从阶级斗争理论出发，研究社会主义改造和工人群体的变化。并应特别关注工人内部新的等级结构（正式工、合同工、临时工，以及八级工制度[1]）对职工行为的影响。这些著作为新村工人研究提供了更为个体人化的视角。[2]

中国学者中，袁进对上海钢铁厂和纺织厂工人的工作环境、工资待遇、企业管理、干群关系，以及文化活动等方面做了生动的描述，展现出国家和单位在1950年代对工人身份的建构起到的重要作用。[3]张婧关注60—70年代中国工厂的劳动模范现象。她发现劳模制度可以追溯到1949年以前的共产主义传统。除了示范和激励作用，劳模也是一种道德教育体系——通过评选和奖励，国家、单位、工人共同建构了劳模行为准则。当道德理想和现实产生矛盾的时候，劳模的荣誉感会激励普通工人，也会约束劳模自身的行为。[4]唐晓菁则关注女性工人群体。她以上海一家食品工厂为例，探讨了1960年代解放妇女运动中的"家庭妇女"是如何被动员走出家门参加社会主义工业生产的，又是如何以集体利益的名义被动员而自愿回家。[5]

城市空间和住房政策

工人新村研究涉及的第三个领域是关于城市空间与住房政策。这里引述华揽洪在其著作《重建中国：城市规划三十年1949—1978》中的观点。作为北京建筑设计研究院的总建筑师，作者是中国城市战后重建和社会主义改造的见证人。该书对1949—1978年中国城市在空间发展、住房政策、居住区规划、城市交通与环境等方面所体现出来的"社会主义城市规划原则"进行归纳，提出中国城市改造中的一个关键性问题：如何在利用大型工业城市完成国家工业化和现代化的同时，避免过度的城市扩张和人口增长等资本主义国家的城市病[6]——这也是1949

1. 1950年代以后中国企业借鉴苏联经验，实行的一种工人技术等级制度，即按照生产劳动的复杂程度和技术的熟练程度将工人分为8个等级。不同工种存在技术上的差别，最高可到八级，一些技术含量相对较少的工种，最高只能到四级或五级，而工人工资水平也根据技术等级分为8个等级。
2. Gipouloux，1986
3. 袁进等，2008
4. 张婧，2007：107–123
5. Tang，2009
6. Hoa，1981

年以来上海城市空间发展的主要矛盾。解决对策并不是简单的“反城市化”，而是推动一种“城市和郊区联合，工人和农民互助”的空间战略。[1]这一战略体通过卫星城、工业区、工人新村，以及在工厂附近的菜园等具体项目得以落实。[2]但遗憾的是，由于资金问题，这些项目大多没有实施。除建造工人新村以外，卫星城、新建工业区和菜园计划并没有真正地开展。[3]

在城市住房政策方面，康（C. Kang）在其1966年的先锋著作中对1949年上海的经济状况、住房危机，特别是私营企业家和私人业主的态度做了详细的分析，解释了战后旧房修缮和新房建造推迟实施的主要原因。[4]卢端芳则强调经济匮乏对住房建设的决定性影响。由于缺少资金、材料和技术，社会主义建设不得不依赖于高度集中的计划经济，但计划经济无法真正解决住房问题，甚至从长期来看还会加剧城市的住房危机。[5]上海的城市住房问题也吸引了社会学家的关注。豪（C. Howe）发现上海公共住房的分配在不同职业和工作岗位之间存在不平等现象。[6]陈映芳也认为，1949年以后的工人新村大多布置在城市边缘地区，与过去的棚户区一起加强了“边缘地带”的印象，而处于城市中心位置的依然是中产阶级住宅、商业和文化设施以及政府的办公机构。[7]居住空间的地理分布能否成为解读社会分层的一个维度——这一社会学视角也引发了关于新村选址与新村工人身份建构的思考。

1990年代末以来上海国企改革、住房商品化与旧城改造

新的社会变革——国企改革、住房商品化与旧城改造——对1990年代以后的上海工人新村产生了重要影响，也引出了本书的最后一部分文献。首先是国有企业改革。为了焕发企业活力，更好地适应市场需求，自1986年起，上海市

1. 薛凤旋，2002：723–730
2. Fung，1981：269–300
3. Sanjuan，2001：153–179
4. Kang，1966：382–396
5. Ged，1989：54–73
6. Howe，1968：73–97
7. 陈映芳，2012：113–142

政府推行劳动合同制，旨在打破国企工人的“铁饭碗”[1]。1990年，7000家企业和200万工人被纳入该体系中。次年，劳动合同制在所有领域全面启用。[2]新的工作关系造成了国有企业大幅裁员，特别是劳动力密集的重工企业。尽管上海市政府启动了再就业工程，但由于裁员人数多，再就业难度大，新的社会群体——下岗工人[3]——逐渐形成。下岗不仅减少了工人收入，原先由单位提供的各种社会福利也不复存在。[4]工人群体（包括新村工人）陷入了经济贫困和居住环境恶化的双重困境。

与此同时，住房私有化改革也刺激了房地产市场的快速发展。为了获取旧房维修和新房建设资金，上海市政府自1990年代末起终止了单位福利住房制度，鼓励市民购买新建商品房或单位公房，并要求企事业单位设立住房公积金。公积金一部分从职工工资中强制扣除，另一部分由政府给予补贴。[5]单位制的解体和住房产权的变化引发了工人新村里剧烈的“居住流动”现象，不少原住居民选择离开新村，外来农民工则大量涌入新村。[6]

此外，工人新村还受到了旧城改造的威胁。尤其是在2001年开始的第二阶段改造[7]，大量工人新村被拆除，商品房小区取而代之，居民被动迁至郊区。[8]新村工人的边缘化不仅体现在工作机会的减少和社会地位的下降，还体现在生活空间和集体记忆的破坏。[9]自2008年起，旧城改造引起了关于社会隔离和空间正义的讨论。赵晔琴在对上海某棚户区改造的研究中指出，改造不仅是对街区空间的拆毁和重建，还引起了社区社会结构的变化，对于社区不同的社会群体——有

---

1. 民间俗语，特指社会主义建设时期那些高度稳定、没有失业风险的工作和工资体制，比如国有企业职工、公务员、军人、警察及公立学校教学职员等。政府认为国有企业中不存在剥削关系，国家和工人之间的关系不是“雇佣”，而是“服务”。每个工作岗位都是由国家创造的，单位负责为工人支付报酬和提供社会保障，而不能任意地解雇工人。
2. Henriot et al.，1996：35
3. 下岗工人，指被企业解雇但仍然与企业保持某种联系（如领取补助金、享受部分社会保险等）的工人。下岗工人仍属原工厂单位，但没有工资，实际上等于失业。
4. Rocca，2006
5. Ged，1995：226-244
6. Yang Chen，2012：125-140
7. 关于上海的旧城改造，详见第七章相关段落。
8. 王颖，2002：33-40
9. 黄勇，2009：62-131

户口的本地人和没有户口的外来移民——都产生了深远的影响。[1] 张恺将旧城改造视为利益群体之间的博弈过程，通过长期跟踪上海市区核心地段的一处里弄改造项目，发现利益相关者（政府、房产公司、规划师和居民）彼此关联、互相制约。对于政策和形势的变化，他们各自选择着符合自身利益的行动策略。[2] 陈映芳的研究更加深入，她发现在城市大开发的背景下，动迁居民的利益诉求、权利伸张以及行动策略都被约束在有限的空间内（居民关心的主要是住房面积和补偿标准），很少看到居民为了保护自己的街区或捍卫共同的利益而采取集体行动。[3] 虽然，已有的旧城改造研究主要集中于里弄街区和棚户区，但同一时期工人新村的改造逻辑与面临的问题与前两类社区有许多共通之处。

问题意识

对上海当代史、工人群体、住房政策以及 1990 年代末以来城市转型的文献进行综述，有助于我们理解工人新村发生与发展的社会背景。以此为基础，本书将继续探讨几个重要问题：在战后复杂的社会环境中，工人新村是如何生产出来的？在 1949—1995 年间，工人新村在上海城市空间与社会建构过程中究竟发挥了怎样的作用？第一代新村工人的身份认同是如何建立起来的，以及这种身份认同又是如何随着新村衰败和居民贫困化在二代工人群体中逐渐褪色？从模范社区到纪念地，工人与国家 / 单位的关系究竟发生哪些变化？最后，为了应对 1990 年代末一系列的社会变革，新村工人的生活方式和家庭关系又做出了哪些调整与延续？

为了回答这些问题，本研究将提出一个贯穿全书的假设："新村不仅是一种居住形态（建筑学分类），它还是一段历史、一项政策、一类城市单元和一种生活方式。"新村工人在新村这一特殊的"社会化"场所中，确立了他们与单位、居委会、同事和一般市民的关系，并形成了独特的社会身份、邻里关系和行动准则。工人新村是 1949 年以来中国城市社会主义改造中的重要组成部分。作为一种时代产物，工人新村的发生、发展与当时的政治运动、经济改革、社会实践紧密地联系在一起。

1. Zhao，2008
2. Zhang，2010
3. 陈映芳，2008：29-55

研究方法

社区研究

工人新村是一种社区。格拉夫梅耶[1]认为，社区研究需要回应三大问题：人口在空间里的分布和迁移，居民的空间实践和态度，参与城乡组织和运作的集体与个人行动。[2]考虑到社会主义城市的公房建造很大程度上受计划经济和社会运动的影响，在中国语境下，还需要增加第四个问题：城市政策。本书将发展格氏的“社区方法”，从四个维度展开对工人新村的研究：作为城市政策的产物，建构社会身份的空间单元，培育独特的生活方式，提供集体行动的场所。

工人新村是城市政策的产物。它涉及到公共住房的投资、建造、分配和管理，同时与“单位”和“居民委员会”两大平行的社会管理体系相关联。

工人新村是建构社会身份的空间单元。它具备个性化的空间特征（地理位置、地区环境、公共设施、住宅类型），居民的职业身份（国企工人）也赋予新村独特的社会学特征。此外，新村还处于“街道—居委会”的管理网络之中，对居住地的行政划分也清晰地界定了不同类型社区的空间边界。

工人新村培育了独特的生活方式。新村居民大多来自相同或相似的单位，他们既是邻居又是同事，在居委会倡导的集体生活中逐渐形成一种特殊的邻里关系。这种从单位延伸到住区的集体生活甚至影响了新村工人的日常行为和家庭关系，新村也成为一个生产社会规范的场所。1990 年代末以来新村从单位转向社区、居住流动、外来居民的本地融合等现象都可以纳入“生活方式”的分析框架。

工人新村还提供了集体行动的场所。在毛泽东时代，新村里的各种群众运动（知识青年上山下乡、解放妇女等运动）是通过居委会动员完成的。在城市大开发的背景下，新村受到了旧城改造的威胁，围绕着拆迁和改造的讨论，新村为所有利益相关者（政府、房产商、专家、本地与外来居民）提供了一个博弈空间。在这一空间中，我们看到不同群体的冲突、请愿、调解、协商，各类行动主体都在通过新村改造调整着彼此的社会关系。

---

1. 格拉夫梅耶（Y. Grafmeyer，1945—），法国社会学家，关注城市问题，著有《城市社会学》（1994）。
2. Grafmeyer，2007：21-31

简言之，社区具有空间和社会的双重属性。工人新村不仅是一个由道路围合而成的“中性”的物理空间，也是一个生活世界——一个拥有自身历史、居民、道德准则和权力关系的，与整座城市有着深刻联系的空间和社会单元。社区方法可以为我们提供一个多维视角去理解建成环境与社会结构、身份认同与行动逻辑、社区更新与集体记忆之间的复杂关系。

身份建构

从社会学的角度看，工人新村不仅是“物”，也是居民和城市、现在与过去、国家和社会之间的种种“关系”。本研究通过观察和分析一个工人新村的兴衰，来理解 1949—2010 年社会变迁中工人与单位、社会与国家、子辈与父辈之间的关系变化。工人新村的第一代居民如何获得自己的社会身份？他们的社会形象和认同感是如何建构起来的？而 30 年后，他们又是如何失去这一切的？“身份建构”方法可为这些问题提供分析框架。

社会身份是一种个体认知，“个体认为他 / 她隶属于某些社会团体，同时伴有情感和价值观方面对该团体的认同。”[1] 社会身份产生于对某个团体的归属关系，产生于个体对自己与他人关系的感知和判断。显然，社会中个体都不是独立行事，而是受到所属社会规则影响的“社会人”。[2] 因此，社会身份的建构包含了两个不可分割的过程：社会历史的（外部的社会影响）和基于个人经历的（内部的个体经验）。

新村是社会主义工人身份建构的有力手段。从外部看，国企改革前工人的社会地位很大程度上是由单位决定的——单位不仅决定了其职业身份，也决定了其居住身份。在一个长期处于住房短缺的社会中，居住条件是衡量社会地位的重要标准。这也是为什么工人新村选址城市边缘，政府却通过各种手段来营造新村积极向上的社会形象，使之成为城市新的“上只角”[3]。从内部看，以集体主义为导

1. Tajfel，1972：292
2. Baugnet，1998：65
3. 上海自 1843 年开埠以来，由于独特的地理位置和租界史等原因，形成了较强的地域观念。人们把外国人和社会名流聚集的租界及西南地区称为“上只角”，把华界和闸北、杨浦等工业区，以及其他城乡接合部都称为“下只角”。

向的新村生活，不断强化着新村居民的身份认同。奉献精神内化为每个新村居民的价值观，并以此来衡量和规范自己的行为，从而与其他的社会群体区分开来。社会身份与个体行为相互建构的方法，在毛泽东时代以后和城市大开发背景下仍然适用：新村工人——返城的知识青年、下岗工人——在不同时期通过调整自身行动来建构新的社会身份和新村形象。

此外，本书还将身份建构的方法和代际研究结合起来，考察两代新村工人社会身份的延续与断裂。通过比较他们的生活经历、价值观、归属感，彰显出他们之间的分歧、矛盾和妥协，进一步厘清社会变迁对于个体认知和行为方式的持续影响。

口述史

在缺乏历史档案的情况下，口述史对于还原和理解半个多世纪前的新村生活至关重要。口述主要是请居民自己讲述个人经历、职业生涯、新村生活和家庭故事。自 1990 年以来，上海以旧城改造的名义，拆除了大量的棚户简屋和工人新村，大多数的本地居民被迁至市郊或远郊，原有的生活记忆和社会网络也随着居民的搬迁而逐渐消失。在改善城市居住条件的同时，新村工人的生活方式和集体记忆如何延续——这是在大开发时代规划师和社会学家必须要回答的问题。不幸的是，老街区消失的速度如此之快，[1] 我们不得不赶在拆除之前通过口述史的方式，尽快记录下本地居民，特别是年事已高的第一代新村工人的经历——那些属于新村自己的历史。

同时，口述史是有关“文化民主”[2] 的概念。在中国，近代和当代史大多是关于革命、战争、社会运动的宏大叙事。在这部大历史中，很难找到个体感受——他们的经历、话语和情感、个人和家庭故事往往被忽略。就新村而言，在一系列社会变革，特别是新一轮的旧城改造和房地产开发的冲击下，原本就缺少话语权的新村工人更加难以发声——口述史是他们记录和传播自己声音的有效途径。

---

1. 在 2001 年的某个政府项目中，上海市预计在 10 年内将改造 1000 万平方米老旧住房，拆除所有市区内的棚户区。（陈映芳，2003：2）
2. 文化民主，指文化是每个公民应该拥有的基本权利，每一种生活都应该被尊重，无论是资本、市场还是权力都不能对其进行垄断，缺乏个人视角的历史是不完整的。

从社会学方法来看，口述史也是研究新村的恰当工具。一方面，口述史对个体和集体记忆的挖掘可以成为社会史的重要补充；另一方面，深入到居民的生活史中，可以帮助我们理解和探究不同时期的新村工人在面对社会变革时的个人态度和行动策略。这样的分析只能来自面对面的交流，而不是调查问卷，更不是理论推导。正如芝加哥学派提倡的："理论的建构应该是一个漫长而耐心的过程，需要在田野观察和理论化之间不厌其烦地来回往复……田野调查与其发放调查问卷，不如采用传记（生活史）、参与式观察等记者式的工作方法。"[1] 在一个有着60年历史、档案记录极其有限的工人新村里，口述史成为调查者深入田野和回溯历史的不二选择。

田野选择

本书以曹杨新村作为案例研究主要出于三方面的考虑。首先，作为新中国成立以来上海的第一个工人住宅项目，曹杨新村在公房投资、建造、分配、管理方面积累了重要的经验，对后续大规模的新村建设具有指导意义。其次，曹杨新村是现存为数不多、保存完好的第一代工人新村。由于其独特的历史与文化价值，曹杨一村于2004年被列为第四批上海市优秀历史建筑。尽管经历了60年的风雨，但新村内住宅、道路、植被、公共设施几乎没有大的改变，新老居民共居于此——有1952年入住的"劳动模范""先进生产者"，有经历了"上山下乡"的新村知识青年，有经历了国企改革的下岗职工，也有在上海打工的外来农民工。曹杨新村成为观察上海60年社会变革的理想样本。最后，作为社会主义中国建设成就的展示窗口，历史上的曹杨新村多次接待国家领导人、外宾和记者，"来访接待"一直是居委会的重要任务，新村也因此得以保留了部分档案和影像资料。[2] 虽然1990年代末以来新村环境逐渐衰败，但居委会和新村居民对于外来调查者依然保持着开放的心态。这一方面显示了居民的自豪感并未完全消失，另一方面，居委会和新村居民也希望通过我们的调查来引起政府和社会的关注，从而加快居住条件的改善工作。

从2008年10月到2010年7月，我对曹杨新村展开了三次田野调查。特别是

1. Filloux，2005
2. 白吉尔曾于1957年访问曹杨新村，回国后将其见闻发表于1958年的一本法文杂志——这成为她后来投身上海史研究的一个重要契机。（Bergère，1958：18）

2010 年 3—8 月，我租住在曹杨一村的一套小面积公寓中，结识了包括街道干部、居委干部、一代劳模在内的大量新、老居民，对其中 54 户家庭、56 位居民和 6 位办公人员等进行了系列深访，直至今日我仍与这些被访者保持着联系。

全书结构

全书分三个部分。上篇概述了工人新村在战后上海的空间发展与社会重建过程中所起的作用。其中第一章在简要介绍了 1949 年以前上海工人的情况之后，着重梳理了 1949—1995 年间工人新村建设的背景和历程。这解释了重建上海之初，人民政府启动工人住宅项目并选择以“新村”方式建造工人住宅的原因，说明了 46 年新村建设如何受到国家战略和地方政策的影响。第二章从居住制度的视角，探讨了在上海社会主义改造过程中，工人新村在“从房地产开发到公房建造、从保甲到居委会”变革中的作用。特别指出了工人新村的投资、建造、分配、管理对于两套平行的社会管理体系——单位与居民委员会的重要支撑。

中篇选取曹杨新村——1952 年建成的上海第一个工人新村——作为研究对象，用 3 章的篇幅，从空间、社会和历史三方面对新村的发展历程（1950—1990 年）展开分析。第三章论述了曹杨新村在城市、街区、住宅三个尺度上所体现出的社会主义城市的规划原则：先生产后生活、空间结构的等级化与标准化的户型设计。通过这些原则分析，新村空间与里弄空间的差异以及差异的形成机制也得以彰显。第四章和第五章试图分析两代新村工人身份建构的过程——这涉及到两个相关问题：第一代居民如何通过国家赋予、社会宣传和自我认同来获得“新村工人”的身份？为何第二代居民在经历 20 世纪 60—90 年代一系列社会运动和经济改革后，虽然继承了父辈国企工人的职业身份，却无法保持“新村工人”昔日优越的社会地位？

下篇探讨自 1990 年代末以来，曹杨新村内部发生的空间与社会环境的新变化。第六章分析新村居住流动的现象与机制，揭示了社会变革——国企改革与单位制的衰落、住房商品化改革、外来农民工的大量涌入——对曹杨新村的冲击以及对本地与外地居民居住策略的影响。第七章讲述随着文化遗产概念的兴起，正在遭受贫困化的曹杨新村却获得了“纪念地”的保护身份，新村居民因此错过了改造住房的机会。围绕着新村改造与遗产保护的争论，相关者（区政府、街道办事处、居民委员会、本地与外来居民）形成了各自的立场、态度和行动方式，新村又再次成为转型期工人与政府确立关系的社会空间。

全书叙事结构与曹杨新村的发展历程相一致，通过这三部分的讨论，将社会事实、空间演变和个体生活相联系，进而为读者提供一个多维度、长时段的分析框架，以理解新村历史和新村工人的生活世界。

上篇

工人新村

上海的社会主义改造史

第一章　工人新村——一段社会史缩影（1949—1995 年）

在 1949 年 3 月的中共七届二中全会上，毛泽东指出，新时期党的工作重心将有两个重要转变：从农村转向城市，从军事斗争转向经济建设。和平初期摆在执政者面前的首要任务是接管和治理国民党当局留下的大量城市地区。上海，作为中国资本主义的摇篮、外国移民的聚居地[1]和国民党当局的政治基地，开始了它的社会主义改造与建设[2]。人民政府认为，群众路线的工作方法在城市地区依然适用。如果说土地改革、根据地建设，甚至中国革命的胜利主要依靠农民阶级，[3]那么在国家工业中心的上海，依靠工人阶级来实现社会主义改造就成为必然的选择。[4]依靠工人阶级、为工人阶级服务，首先就要“解决工人阶级的居住问题”。

然而，与改造上海的决心相对应的是政府在具体策略上采取的谨慎态度。这种

1. 外国移民对上海的现代化进程具有重要影响。这不仅体现在人口数量（1934—1945 年间，上海有各国外籍居民 57 607 人，占当时上海人口总数的 6.4%），更体现在这些移民在上海的政治、经济和文化建设方面发挥的作用。（解放日报社编委会，1950；白吉尔，2005）
2. 改造的目标是将上海建设成为“社会主义城市”。受苏联影响，新政权认为社会主义城市应当具备几个特点：在政治上依靠无产阶级（特别是工人阶级）；在经济上消灭私有制，建立高度集中的计划经济体制；在社会方面消除脑力劳动和体力劳动差别，建立依托单位的社会福利体系；在城乡关系方面，严格控制大城市的发展，积极发展内陆和农村地区，消除城乡差别。
3. 中国的民主革命实质上是农民革命，中国共产党领导的武装斗争实质上是农民战争。新民主主义政治，实质上就是授权给农民。农民问题就成了中国革命的基本问题，农民的力量是中国革命的主要力量。（毛泽东，1991a，1991b）
4. 1949 年上海有各类工人 98 万余人，占全市人口的四分之一，占全国工人总数的 60%。新政府意识到，工人阶级将是上海、乃至新中国社会主义改造最重要的社会力量。（Perry，1993：17）

谨慎，一方面体现在改造初期在“政治、经济、社会等诸多方面的温和政策”[1]，另一方面也体现在中央对上海的经济和政治定位做出的重大调整。白吉尔指出，“即使上海是计划经济体制的重要支柱，也不能成为领头的城市，因为这种地位要留给首都北京。政治地位的滑落、信贷资金的不足，都让上海不可能具备社会主义的大气派，也正是因为这些原因，上海没有能力除旧布新，建造宽敞气派的大马路和冰冷的斯大林式的建筑。”[2] 上海城市空间的社会主义改造与其他城市相比，也因此呈现截然不同的特征：无论是对旧空间的改造还是对新空间的拓展，上海的城市建设都缺乏革命年代普遍的“疾风骤雨”式的魄力，仅有的几次城市空间发展计划[3]最终也由于资金问题而无法完整地实施。近半个世纪中，只有“为工人阶级建造的住房”——工人新村成为上海为数不多的、具有实质意义的空间拓展。

本章首先对 1949 年以前上海工人群体的形成过程、社会特征和居住状况进行简要描述；接着，通过对 1950 年代初期政治、经济、社会背景的梳理，解释了上海的社会主义改造为什么从工人住宅开始，以及为什么选择“新村”的建造方式；最后，将 46 年（1949—1995 年）新村建造的曲折历程划分为四个阶段，详细阐述了工人新村是如何介入，甚至成为上海社会主义改造与建设的重要组成部分。

1. 1949 年以前的上海工人群体

群体的形成

自 1843 年开埠至 1949 年，上海已有百年工业史。其中虽经历战争，但工业发展和工人群体的壮大并未中断。上海最早的一批近代产业工人产生于 19 世纪中

1. 考虑到上海在政治上的复杂性，以及在战后国家经济重建中不可替代的作用，1949 年的人民政府对上海采用了较为温和的改造政策，即利用统一战线来恢复生产潜力（没有马上消灭资本家阶级，而是号召私人业主继续管理其所在的领域，为新政府服务），允许社会和政治方面存在某些偏差，例如允许教会和教育机构、甚至里弄保甲人员在一定的范围内继续履行其职责。（白吉尔，2005：298-321）

2. 白吉尔，2005：319

3. 这些空间发展计划主要包括对已有城市空间的改造和新空间的拓展两部分内容：①以棚户区计划为代表的城市改造运动，因为财政和物资的原因迟迟得不到实施，1958 年以后，大规模的棚户区工程基本停顿下来；②对于新空间的拓展，1950 年代上海开始的城市拓展主要有“结合工业区外迁的卫星城计划”和“工人新村的建造”两个内容。而“卫星城的建设由于财政条件的限制在 1980 年代之前一直十分缓慢”。（陈映芳，2012：113-142；程若望，2004：366-397）

叶的外资企业中。特别是从香港和广东迁往上海的大批造船厂。第二次鸦片战争（1856—1860年）失败后，清政府被迫给予在华外商更大范围的工商业经营许可，短短十几年上海聚集了45家外资工厂、3600名产业工人。1860年代的洋务运动让华商企业开始活跃在纺纱、军工、卷烟、面粉等行业。上海的工人数量在1894年已经达到3.7万，占全国工人总数的40%。《辛丑条约》签订之后，这一数量更是迅速增加，1913年工人数量有14万～15万人。即使是第一次世界大战也未能阻止上海工业的快速增长，民族资本家们反而乘殖民国家忙于战争而加快了自身的发展，华商企业年均增长率达到13.8%。到日本全面侵华之前的1936年，全市有工厂企业5500多家，产业工人46.4万人，工人已经成为上海一支重要的社会力量。此后"孤岛时期"[1]上海的工业基础受到重创，但1945年日本投降以后，上海再次显示了其强大的生产和恢复能力。1949年前夕，工业生产和工人数量（42.2万人）基本恢复到战前水平（表1–1）。[2]

从职业构成看，这些产业工人高度集中在纺织、造船机械、烟草等行业，特别是纺织业的工人数，占全市工人总数的一半以上（表1–2）。从地区分布看，工厂相对集中：船舶修造厂都设立于黄浦江东西两岸（规模最大的江南制造局位于黄浦江南端西岸高昌庙，其余各厂散布于董家渡、浦东、虹口下海浦等地）；棉纺厂、丝厂多设立于沿黄浦江、苏州河的沪东杨树浦、沪西小沙渡以及浦东，这一带棉纺织厂最多达107家；交通邮电业则分别设立于杨树浦、虹口及公共租界中区。第一次世界大战后，由于民族工业的快速发展和日本扩大在沪设厂的数量和规模，众多日商、华商在苏州河沿岸的沪西工业区纷纷设立大型的纱厂和面粉厂，杨树浦、虹口、沪西逐渐成为上海的工厂密集区，尤其是沪西工业区，大型纺织产和面粉厂需要大量密集的劳动力，此地逐渐成为上海产业工人的聚居地。

社会特征

1949年以前的上海工人是否形成了一个"阶级"？法国历史学家鲁林通过研究1930年代的上海罢工发现，"上海工人"虽然不乏集体行动，比如1932—1938

---

1. 1937年11月上海沦陷后，日军未能进入公共租界中区、西区和法租界，上述区域形成了四周皆为沦陷区的"孤岛"状态。这种局面一直维持到1941年底太平洋战争爆发前。
2. 《上海工运志》编纂委员会，1997：78–82

表 1–1 上海工人的数量（1894—1949 年）

年份	工厂数量（个）	工人数量 *（万人）	占全国产业工人总数比重
1894	77	3.7	40%
1913	213	14 ～ 15	25%
1936	5000	46.4	>50%
1949	—	98	>50%

来源：《上海工运志》编纂委员会，1997：78–82

* 1949 年以前上海工人的定义主要是指在一线从事生产的工厂工人（即产业工人），1949 年后为了壮大"工人阶级"队伍，人民政府将工厂的管理和服务人员都纳入"工人阶级"队伍，形成更加宽泛的概念："职工"。在统计口径方面，1949 年以前的上海工人数量主要包括工厂工人、码头搬运工和苦力，1949 年以后的上海工人数量既包括工厂职工，也包括工厂外的城市工商业小业主（自食其力的劳动者）。因此，表中 1949 年的 98 万工人数量包括 42.2 万的工厂职工和工厂外 55.8 万自食其力的劳动者。

表 1–2 上海工人的行业分布（1949 年）

行业	纺织	造船机器	交通邮电	卷烟	印刷	橡胶	面粉	总计
工人数量 *（万人）	22.8	5.4	4.3	4	3.2	1.5	1	42.2
比重	54%	12.8%	10.2%	9.5%	7.6%	3.6%	2.4%	100%

来源：《上海工运志》编纂委员会，1997：83–84
* 此表的工人数量指"工厂职工"的数量。

年的反日游行、1949 年的"护厂行动"[1] 等，但很难说他们形成了具有共同革命意识和身份认同的"阶级"。上海工人的来源主要有三个方面：一是破产农民，二是破产手工业者，三是城市贫民。其中，破产农民是最大量的。实际上，由于所属行业、职位分工、地域文化、语言和生活习惯的不同，上海工人是一个相当异质、多元化的群体，[2] 他们的社会结构具有三方面的特征：

1. 为防止国民党当局对工厂的破坏，上海工人在中共地下党的领导下开展了一系列保护工厂的行动。
2. Roux，1995a：17

其一，妇女、儿童比例高。根据 1920—1930 年的工人调查，棉纺和缫丝厂的大部分工人是 25 岁以下的年轻人。学徒工、包身工、童工在各类工厂十分常见。在纺织、烟草和火柴厂等对体力要求不高的工厂里，女工占绝大多数。[1]

其二，具备专业技能的工人比例低。根据鲁林估算，上海工人中真正具备专业技能的只有 5% ～ 10%，[2] 其余的大部分工人是来自周边和外省农村地区、经同乡介绍在上海打工的青年农民，他们中识字的人不多，更不用说掌握工业生产的专业技能。由于缺乏失业、医疗等方面的社会保障，他们大多求助以同乡网络为基础的帮会和秘密社团。

其三，籍贯对工人的行业选择有显著影响。例如棉纺织厂工人几乎都来自上海周边二三百里范围内的村庄，[3] 港口和造船厂工人多来自宁波和广东（中国第一代外商船厂所在地）。20 世纪以后，受战争影响大量外省农民涌入上海。根据 1926 年的一份报告，上海工人中有 30% 来自上海本地，27% 来自江苏，34% 来自其他省份。三年以后，籍贯外省的工人已经占到上海工人总数的 80% ～ 90%。[4] 由于同乡网络对工厂招工有决定性影响，[5] 这些外省工人的行业分布也呈现出明显的集聚特征（表 1-3）。

居住状况

1949 年以前，绝大部分的产业工人是租房住的，[6] 住房条件主要取决于收入水平。不同行业工人的收入差距相当明显，新型行业（如邮政、电报）和技术行业（如机器、造船厂）工人工资大约是传统行业（如纺织和面粉厂）工人工资的 2～3

1. 1929 年上海的工厂工人有 223 650 名，其中 56% 为妇女，9.2% 为儿童。在纺织厂，有 78.6% 的妇女和儿童。这一比例在丝织厂为 96.5%，在烟草和火柴厂为 69%。（Roux，1993：17–18）
2. Roux，1993：19
3. 丁日初，1994：676
4. 《上海工运志》编纂委员会，1997：92
5. 对同乡的偏好一直是 1949 年以前上海工人就业市场的主要特征。这是因为，外省农民进城务工主要靠同乡提供招工信息，工厂负责招工的工头也倾向于招募同乡，同乡关系既方便管理，也有助于工头在厂里发展自己的势力。而很多企业主出于对地缘文化的信任，也愿意为同乡提供就业机会。例如 1918 年厚生纱厂的 1000 名工人主要来自于三位合伙人（穆藕初、薛宝润、贝润生）的家乡：浦东、江阴、苏州。申新纺织厂 2200 名员工绝大部分来自无锡——那是企业创办人荣氏家族的发家地。
6. 据 1930 年资料，产业工人中租房的比例超过 90%。（《上海工运志》编纂委员会，1997：92）

表 1–3 上海工人籍贯的行业分布（1930 年代）

行业	工人主要籍贯
棉纺	苏北、安徽
缫丝	浙江、苏南
冶金机器	上海、浙江、广东、无锡
玻璃	上海、宁波
烟草	浙江、苏北、上海
面粉	上海、无锡
印刷	上海、宁波
码头仓储与搬运	苏北
市政公用	湖北、河北

来源：据 Roux，1993；《上海工运志》编纂委员会，1997：92–93；《上海烟草志》编纂委员会，1998 等整理

倍。[1] 新型行业的工人家庭可以买香烟、下馆子，甚至雇保姆，而纺织厂工人的收入只能勉强度日。[2] 即便在同一个工厂，不同职位的收入也有较大差别：工头和工程师的收入往往是普通工人的 7 ～ 9 倍，高级管理人员的收入可以达到普通工人收入的 10 ～ 20 倍。[3]

针对不同的收入水平，上海的工人住房也出现了不同的类型（表 1–4）。条件好的工人会选择市区私房，这些私房每间月租 2 ～ 4 元，相当于一个普通工人月工资的 10% ～ 25%。条件一般的工人需要与别人合租，一间房被分成多个小间，甚至在房内

1. 1946 年上海的印刷厂工人工资为 1.18 元 / 天，机器厂工人 0.83 元 / 天，纺织厂工人只有 0.45 元 / 天。（《上海工运志》编纂委员会，1997：152–155）
2. 1931—1937 年上海工人的平均工资为 14 ～ 15 元 / 月，而每人每月的基本开销要 10 元。对一个拥有 4 ～ 5 口人的普通工人家庭来说（平均家庭规模为 4.7 人），一份工资是远远不够的。即使妇女和孩子们都去工作，还是免不了借债度日的结果，而遇上战争造成的物价飞涨更是雪上加霜。（上海社会科学院经济研究所，1983）
3. 张剑，1997：81–89

表 1–4　上海工人的住房情况（1949 年）

住房类型	出租私房	自住、出租棚户	工房	其他（客栈、平民村）
比重	50%	48%	1.5%	0.5%
来源	营建商	自建	厂主	私人、政府

来源：《上海住宅建设志》编纂委员会，1998：117–140

搭建阁楼分租是当时常见的现象。[1] 这些私房虽有简易的卫生设备，但居住拥挤、采光通风的问题普遍存在。条件再差一些的工人则选择在工厂附近的荒地或坟场、苏州河或其他河沟旁自己搭建棚户（图 1–1），最困难的工人家庭直接住在水上船屋。这些棚户居民大多是码头搬运工、棉纺厂工人和苦力。19 世纪末 20 世纪初以后，周边破产农民和流离失所的难民大量涌入上海，棚户区成为低收入工人的主要聚居区。[2]

上海也有少数企业（以纱厂为多）在厂区内或附近为工人建造住房（图 1–2 和图 1–3）。这些工房大都坐落在沪西和杨树浦，工房区内设有理发室、浴室、洗衣处等。条件较好的工房每户内有独用的水电设备，差的则几十家合用一个水龙头。每座工房住三四家不等，房租较民间出租的房屋为低廉。管理相对严格，一般只准本厂工人住宿，除星期日外，工人出外一律要请假。

除了上述三种工人住房，城市内还有一些私人开设的、专为独身工人准备的小型旅馆、寄宿所。每个铺位月租为 0.3 ～ 0.7 元不等。每间屋住七八人至二十余人，室中架床叠铺，拥挤不堪。住客除工厂工人外，还有人力车夫、脚夫、码头工人等。此外，国民党政府也在 1935 年整顿市容运动中象征性地建造了 4 个平民村[3]，安置了 1500 余户工人家庭（图 1–4 和图 1–5）。[4]

1. 例如曹家渡 230 户中，62.6% 的工人家庭只住 1 间房或不到 1 间，每间平均 3.29 人。（《上海工运志》编纂委员会，1997：157–160）
2. 据 1937 年上海市社会局统计，全市共有棚户 5 万余户。抗战胜利后至上海解放前夕，200 户以上的棚户区有 322 处，占地 1109 万平方米，棚户简屋 20 万间、居民 115 万人。（《上海住宅建设志》编纂委员会，1998：127）
3. 20 世纪 20—30 年代，鉴于低收入居民聚居的棚户区存在卫生、安全和影响市容的问题，国民党政府在上海开始了平民住房的建设，前后兴建了 3 个平民住所和 4 个平民村，满足了一部分草棚居民改善居住条件的需要。
4. 《上海住宅建设志》编纂委员会，1998：135–137

图 1–1 肇嘉浜边的棚户
来源：中国人民对外文化协会上海市分会，1957

图 1–2 杨树浦路裕丰工房（1930 年代）
来源：《上海住宅建设志》编纂委员会，1998：122

图 1–3 愚园路渔光村工房（1936 年）
来源：上海图书馆历史文献中心

图 1–4 中山路平民村
来源：上海图书馆历史文献中心

图 1–5 上海市新建平民村内景
来源：上海图书馆历史文献中心

总的来说，1949 年以前绝大多数的上海工人选择在工厂附近租住私房或自己搭建棚户，拥挤和基本生活设施缺乏是工人住房的常态。虽然企业主和国民党政府尝试建造一些工人宿舍或带有福利性质的平民村，但数量极其有限，未能对改善上海工人的居住条件起到实质作用。

2. 工人新村的缘起

关于工人新村的缘起，《上海住宅建设志》有如下记载：

上海解放后，中共上海市委和市人民政府对劳动人民的居住问题十分重视。在 1950 年 10 月召开的上海市第二届第一次各界人民代表会议上，中共上海市委第一书记、市长陈毅就指出："目前经济情况已开始好转，必须照顾工人的待遇和福利"。当年便有少数工厂企业开始建造新住宅。1951 年 4 月，上海市第二届第二次各界人民代表会议确定市政建设"应贯彻为生产服务，为劳动人民服务，并且首先是为工人阶级服务"的方针。副市长潘汉年阐述了这个方针："为工人阶级服务，就市政建设来说，目前上海最迫切的工作，就是为工人阶级解决居住问题”，他要求市政建设委员会“规划和领导建筑工人住宅”。从是年起，上海开始有计划建造住宅。[1]

为什么在 1951 年上海的经济刚刚从战争中恢复时，人民政府就提出要为工人阶级建造住房？工人住房的建造为什么要选择“新村”模式？这是我们在进入新村建造史之前首先要回答的问题。

1949 年以后的上海工人阶级及其住房状况

1949 年以后，在苏联的影响下，工业化成为社会主义经济发展的主要目标，提出“通过增加产业工人数量，把畸形的消费型城市转变成生产型城市”，加上“低工资高就业”的经济政策，上海工人数连年迅猛增长。[2] 伴随着数量增长的是工人阶级政治地位和社会地位的提升，作为无产阶级代言人，革命胜利后人民政府必须“全心全意依靠工人阶级”。如果说革命战争时期，通过土改、依靠农民阶级取得了胜利，那么在社会主义时期“依靠工人阶级来进行工业化生产和城市建设”成为政府当然的政治意愿。在当时主流媒体报道中，“工农兵学商”的排列次序史无前例地把工人阶级置于社会阶层的首位——无产阶级革命和社会主义建设的领导者是工人阶级。

然而，上海工人却面临着严重的住房短缺：100 万的产业工人（连同家属约 300 万人）住在条件简陋的棚户、厂房和旧式里弄，人均居住面积不到 4 平方米，恶劣的居住环境严重影响了工人的生产与生活。[3] 私人房主和企业主由于缺少建筑材料和对未来政治经济形势的普遍担忧，大多不愿意对破损房屋进行必要的维修

---

1. 《上海住宅建设志》编纂委员会，1998：142
2. 1949 年全市市区职工人数为 98.17 万人，1952 年为 141.38 万人，1957 年较 1952 年又增加了 70 万职工，平均每年增加 14 万人，1959 年职工人数为 267.54 万人，比 1949 年增加 1.7 倍。随着行政区的扩大，1960 年的职工人数达到 285.95 万人。见：《上海工运志》编纂委员会，1997：347
3. 战后上海居民的居住条件十分困难，尤其是住在棚户区的工人阶级。“用几根棍子，几卷油毛毡，很容易就能搭建一间小屋……家里没什么大家具，一张方桌，几条板凳，几块砖架起几块铺板，就算有个家了。以前用井水，50 年代后一个棚户小区中配备一两个水龙头，家家户户自备水缸从‘给水站’打水。住房质量很差，墙是泥墙，地是泥地，区内路也是泥路，每逢下雨就泥泞不堪。屋顶由于是油毛毡加上稻草盖的，一到刮风下雨，屋子里就‘水漫金山’，老人孩子只能蜷缩在床上。遇上这样的季节，工人们白天上班不得安心，晚上睡觉不得安宁。”（袁进等，2008：40）

或重建，每年大量房屋坍塌，加上拓宽马路等市政工程拆迁，城市可居住的房屋面积持续下降。即使把收缴的外国人和敌伪房产重新分配，仍然不足以改变住房的紧张局面。在私人投资停滞和国家住房建设尚未启动的情况下，市政府面临着严峻的住房供给压力。

1951 年经过了短暂的经济恢复，毛泽东提出“必须有计划地建筑新房，修理旧房，满足人民需要”的指示，住房重建计划逐渐被人民政府提到议事日程中来。当然，住房重建不能只考虑缓解住房压力，还要考虑“为哪个阶级服务”的问题。作为无产阶级政党的人民政府必须通过实际行动——为工人建住房——来履行“工人阶级当家做主”“依靠工人阶级建设社会主义城市”的政治承诺。[1]“阶级”观念的引入使得城市住房有了政治含义，工人住宅不再是一项单纯的市政建设，而是一项重要的政治任务，它包含着政府对工人阶级的特殊关怀、一种自上而下的社会主义城市的空间实践和制度建构。

“新村”与“新村主义”

那么，什么是“新村”？为什么要选择“新村”的方式为工人阶级建造住房？实际上，新村不是 1949 年以后的新事物，新村理念早在五四时期就从日本介绍到中国知识界，并成为流行于新青年之间的一种思潮（图 1-6 和图 1-7）。其本质是一种乌托邦社会主义，认为不需要实行暴力革命，也不需要生产力的极大提高，只要在乡村组织和推广共同劳动、共同消费，实行各尽所能、各取所需的新村并普及教育，就能逐步建成社会主义。[2]新村主义的美丽愿景，也影响了青年时代的毛泽东。1919 年，毛泽东在《学生之工作》一文中认为，现在的学校与家庭、学校与社会存在着深刻的矛盾，这种矛盾的根源是“旧日读书人，不预农圃事”，学生脱离了农业生产劳动，造成脑力劳动与体力劳动的差别。为消灭这种差别，他设想必

1. 正如毛泽东在 1934 年的一篇报告中讲到：“如果我们单单动员人民进行战争，一点别的工作也不做，能不能达到战胜敌人的目的呢？当然不能。我们要胜利，一定还要做很多的工作。领导农民的土地斗争，分土地给农民；提高农民的劳动热情，增加农业生产……解决群众的穿衣问题，吃饭问题，住房问题，柴米油盐问题，疾病卫生问题，婚姻问题。总之，一切群众的实际生活问题，都是我们应当注意的问题。假如我们对这些问题注意了，解决了，满足了群众的需要，我们就真正成了群众生活的组织者，群众就会真正围绕在我们的周围，热烈地拥护我们。”（毛泽东，1983：12）

2. 丁桂节，2007：23-24

图 1–6　武者小路实笃《新村》中译本书封（1927 年）
来源：上海图书馆历史文献中心

图 1–7　《新村建设》书封（1930 年）
来源：上海图书馆历史文献中心

须建立家庭、学校、社会结合为一体的“新村”。“合若干之新家庭，即可创造一种新社会。新社会之种类不可尽举，举其著者：公共育儿院，公共蒙养院，公共学校，公共图书馆，公共银行，公共农场，公共工作厂，公共消费社，公共剧院，公共病院，公园，博物馆，自治会。”新村还对全体成员每天的活动作了统一的安排，即“睡眠 8 小时；游憩 4 小时；自习 4 小时，教授 4 小时；工作 4 小时”。[1]

因此，“新村”不仅仅是一种居住模式，而是包含着对其中的“村民”从工作和生活两方面进行社会主义改造的一种乌托邦实验。在毛泽东日后成为新中国领袖之后的许多政治措施，都能看到这种鲜明的“新村”情结。[2]

工人与新村的并置还包含着一种奇妙的矛盾：“工人”是现代工业化社会的产物，而“村”是中国传统的乡土聚落，“工人”与“村”这一看似矛盾的结合

1. 李祥瑞，2006：69–71
2. 1958 年，在建立了人民民主专政、完成了生产资料私有制的社会主义改造之后，毛泽东认为空想社会主义的某些理想和他早年一度设想的“新村”有可能实现。8 月在谈到人民公社时，毛泽东说“空想社会主义的一些理想，我们要实行”。（李祥瑞，2006：69–71）

反映了中国社会主义建设初期“消灭城乡差别”的理想，迈斯纳（M. Meisner）认为这正是毛泽东思想向乌托邦社会主义的一种回归。[1] 早在 1927 年 3 月，毛泽东就提出，要让那些富有潜力的“革命人民”脱离城市的腐化生活，到革命力量聚集的农村中去。农村的落后经济不是实现社会主义目标的障碍，相反可以成为建设社会主义的一种优越性。即使在革命胜利的 1949 年后，“到农村去”的方法仍然强调城市居民应当到农村去，和农民同吃同住同劳动，只有这样才能培养真正的无产阶级品质。在具体措施上，一方面强调要使农村现代化（知识青年上山下乡），另一方面则是以工人新村和城市人民公社化运动为代表的“城市乡村化”。

3. 上海工人新村的建造历程

法国地理学家程若望(T. Sanjuan)认为, 1949年后人民政府对上海采取了长期“反城市”的空间政策，除了卫星城的建设外，没有进行真正意义上的空间拓展。而卫星城的建设也由于财政条件的限制，在 1980 年代之前进展一直十分缓慢。[2] 工人新村的建造就成为那时期上海城市最重要的空间实践。以 1952 年第一个工人新村（曹杨新村）的建设为起点，到 1978 年间，工人新村始终是上海城市住房建设的主体（表 1–5 和图 1–8）。

工人新村，既属于消费领域的住房建设，同时也是服务于工业生产的配套计划。新村建设一直受到生产（工业化）—消费（住房）关系的影响。接下来就从这一对矛盾关系来进一步审视以工业化为主的国家经济政策是如何介入到上海工人新村的建造过程中的，新村的建造又是如何把社会主义城市原则逐步体现在空间实践中的。

46 年（1949—1995 年）的上海工人新村建造史大致可以分为四个阶段（表 1–6 和图 1–9）。

1. 迈斯纳，2005：27–70
2. 程若望，2004：366–397

表 1–5 上海市区各类居住房屋实有建筑面积（1950—1978 年） 单位：万平方米

年份	职工住宅	简屋和棚户	花园住宅	公寓	里弄	总量
1950	1	323	224	101	1712	2361
1955	162	324	224	101	1858	2668
1960	500	500	224	101	2278	3602
1965	640	482	225	101	2293	3741
1970	741	459	225	101	2345	3871
1975	857	490	127	86	2201	3849
1978	1140	464	128	90	2210	4117
增加面积	1139	141	− 96	− 11	498	1756

来源：《上海住宅（1949—1990）》编辑部，1993：147

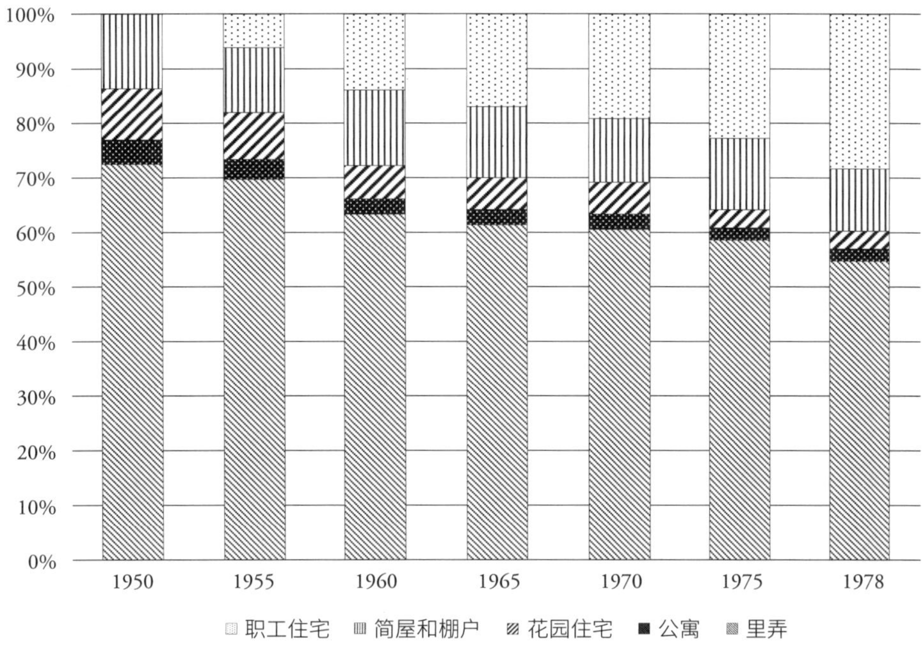

图 1–8 上海市区各类居住房屋的占比变化（1950—1978 年）
来源：据表 1–5 数据绘制

表 1–6　上海工人新村历年建设面积（1951—1995 年）

年份	新村个数	新村建设面积（万平方米）	年份	新村个数	新村建设面积（万平方米）	年份	新村个数	新村建设面积（万平方米）
1951	7	24.52	1966	4	9.16	1981	18	35.14
1952	34	255.16	1967	3	2.62	1982	10	171.33
1953	29	157.13	1968	5	7.55	1983	23	140.15
1954	17	82.35	1969	0	0.00	1984	6	42.80
1955	3	20.50	1970	1	2.06	1985	10	75.55
1956	33	116.23	1971	0	0.00	1986	10	65.93
1957	33	329.38	1972	3	15.39	1987	9	197.83
1958	40	760.25	1973	3	6.66	1988	8	78.86
1959	2	4.73	1974	6	17.47	1989	12	214.86
1960	9	22.01	1975	3	50.77	1990	8	48.14
1961	3	9.25	1976	4	10.93	1991	4	13.66
1962	0	0	1977	5	62.02	1992	1	0
1963	2	13.07	1978	5	43.56	1993	2	5.29
1964	2	8.33	1979	8	117.40	1994	7	87.86
1965	0	0.28	1980	17	115.27	1995	33	57.29

来源：《上海住宅建设志》编纂委员会，1998：332–360

图 1–9　上海工人新村与全市住宅历年建设情况（1951—1995 年）

来源：据表 1–6 数据绘制

开端（1949—1953年）

1949年后的上海在工业发展和城市建设方面受到诸多的限制。国民政府的《大上海都市计划》被“生产先于消费、内地优于沿海”的社会主义城市理论所替代。1949年底，指导上海城市建设的苏联专家认为，上海的基本人口[1]比重过小，属于畸形的消费城市。对其进行社会主义的改造，应当增加基本人口数量，疏散非基本人口，严格限制大城市的规模。[2]甚至有人提出要把上海城市人口的一半都迁往农村。[3]在1953年“一五”计划中，156个国家重点大型工业生产项目没有一个分配给上海，大批上海工厂和有经验的职工被有组织地外迁支援内地建设。相比之下，国家更加重视首都和内陆工业基地的建设，对上海实施了十分不利的财政政策。[4]这一时期的新工房建设量十分有限，主要有1952—1953年间由国家统一投资建设的工人住宅示范性项目“1002户”[5]和“两万户”[6]。两年内建新村70个，面积436万平方米，占1949—1978年间新村总量的22%。这些新村试点的主要目的是“为全市国营、公私合营和私营企业建造工人住宅指明一个方向，发挥示范作用”，希望各企业——尤其是私营企业能够积极地解决各自的工人住宅问题。[7]然而在解放初期频繁的政治运动和公私合营政策的压力下，除个别国有企业外，私人企业响应者寥寥。“1002户”与“两万户”新工房对于不断膨胀的上海产业工人队伍来说无疑是杯水车薪。大多数工人认为，“新

1. 1949年新政府接管上海，在苏联专家的指导下，对上海的人口构成进行了三类划分：基本人口（指工业、港口、铁路等产业职工和专科以上的学生）、服务人口（指机关、团体、贸易企业工作人员、商业服务行业、市政公用事业职工以及自由职业者等）、被抚养人口（指依靠他人抚养者）。
2. 《上海城市规划志》编纂委员会，1999：89-102，522
3. 对于共产党干部和农村士兵，大城市里存在着党的纲领中所批判的一切：资本主义的胜利，帝国主义的狂妄和世界文化的衍生物。时任中共中央华东局书记饶漱石说：“上海是寄生虫的城市，是罪犯和难民的城市，也是冒险家的乐园。”他建议要把500万城市人口的一半迁移到中原地区。（白吉尔，2005：298-321）
4. 从1950到1979年间，上海向中央上缴的财政收入超过了上海自身市政预算收入的13倍，一般是将税收的87%上缴国家。（白吉尔，2005：298-321）
5. 为履行“工人阶级当家做主”的政治承诺，上海市人民政府从1951年开始实施工人新村建设计划。第一个试点项目——曹杨新村，建造住房1002套（简称“1002户”），成为上海第一个工人新村。
6. 继“1002户”后，上海于1953年始在沪西、沪东和沪南工厂区附近的九个基地中建造工人住宅（含凤城、鞍山、日晖、玉田、志丹等9个工人新村），共计2000个单元，每单元可住10户，共计二万套住房，解决了10万工人的居住问题。
7. 《上海住宅建设志》编纂委员会，1998：145

工房数量太少，解决的多是劳动模范和工人干部的住房困难，一般工人很难轮到”。[1]因此，这一阶段的新村建造更多的具有象征性意义，没能从根本上缓解工人住房的短缺问题，而工人数量的增加却使得人均居住面积出现了下降的趋势（图 1-10）。

扩张（1954—1958 年）

“一五”后期，针对苏联重工业发展模式效果不理想的现状，1956 年毛泽东在《论十大关系》的报告中提出：不要为了发展内地而牺牲了沿海地区，也不要为了生产资料的增加而忽视了消费品的生产。上海作为沿海工业基地的重要地位被重新认识。第二年对上海的投资额度就达到 380 万元，超过了“一五”计划头四年的投资总额，上海似乎又重新找回自己的位置。1957—1958 年，上海利用国家工业投资的大幅增加，争取到了相对宽松的财政政策，对外宣布 698 个在建的工业项目。[2]与此同时，对私营企业的社会主义改造也在 1957 年接近尾声。作

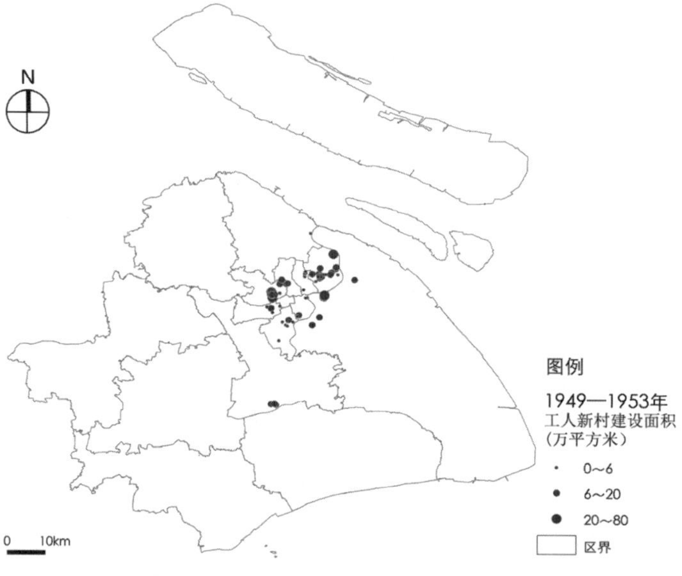

图 1-10 上海工人新村建设（1949—1953 年）

1. 袁进等，2008：40-42
2. 白吉尔，2005：320

为江浙皖的中心、中国资本主义工商业的大本营——上海，逐步完成了社会主义改造，建立了高度集中的计划经济体制。1958—1960年“大跃进”期间，职工人数更是骤增了60万。这一时期的新村建设也在政府及国有企业的主导下达到高潮：1954—1958年，除了在已有基地上的扩建之外，在城市边缘另辟新村基地11处。五年间建新村126个，面积1308万平方米，占1949—1978年间新村建设总量64%，尤其是1958年以40个新村、760万平方米建设面积的规模占据了30年间建设量的最高点（图1-11）。

停滞（1959—1978年）

1958年以后，片面强调生产的经济政策首先在农村地区造成粮食生产困难，轻重工业比例的失调也影响到城市的工业生产。1960年冬，国民经济进入调整巩固期，上海开始缩减工业规模，精减职工31.2万人。不久中苏关系破裂、越南战争爆发，出于战略上的考虑，中央提出建设“三线”[1]的设想。上海又回到忽略城市建设的工业化政策，再次成为支援内地建设的人才和技术输出地。几年之中，数百家工厂和17万名技术工人、3万名工程技术人员转移到内地，大专院校新毕业技术人员的分配也以面向内地为主。[2]从此，上海的工业不仅没有再出现新的企业，反而逐渐萎缩。在60—70年代，“文革”和三线政策交织在一起，上海在城市建设方面几乎无所作为，住宅建设也因为财政困难进入缓慢甚至是停滞期。市区范围内的新村建设基本停止，住宅建设仅以改造市内棚户区和卫星城工业区零星住宅为主。十年“文革”（1966—1977年）更是停止了工人新村规划的编制，仅仅通过填空补齐和改造的办法扩建已有新村。20年间只扩建新村60个，面积285万平方米，占新村总量的14%。这一时期，新村建设量长期维持在一个极低的水平（图1-12）。

---

1. 指自1964年起在中西部地区的13个省、自治区进行的一场以战备为指导思想的大规模国防、科技、工业和交通基础设施建设。三线建设是中国经济史上一次极大规模的工业迁移，发生背景是中苏交恶以及美国在中国东南沿海的攻势。1970年代中期以后，中国对三线地区的投入逐渐减少。1980年代以后，大量三线企业倒闭关停，部分企业则成功转型，继续成为当地的工业支柱。
2. 白吉尔，2005：321

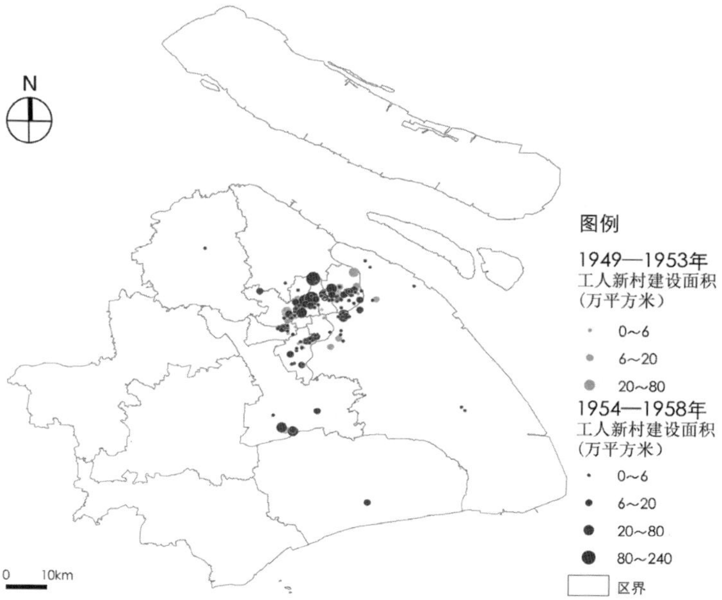

图 1-11　上海工人新村建设（1949—1958 年）

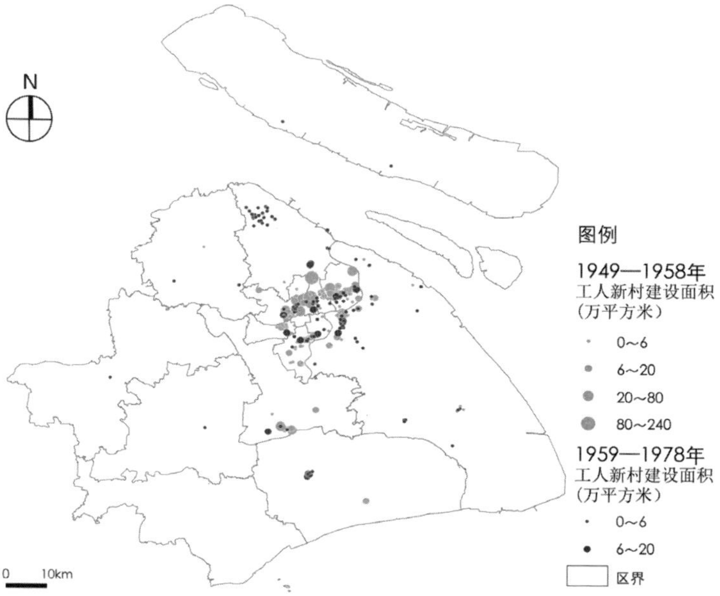

图 1-12　上海工人新村建设（1949—1978 年）

恢复（1979—1995年）

“文革”结束后，中央政府对30年的社会主义建设进行了总结与反思，从政治、经济、社会多方面对国家战略进行调整。在农村地区，激进的集体化运动——“人民公社”被“联产承包责任制”取代，以重新调动农民生产的积极性。在城市地区，新一代的领导者意识到“先生产后生活”的片面观念对居民长期低标准的生活状态负有责任，从长远看，也对城市生产造成了负面影响。1970年代末开始，中央在国家层面进行了一系列的财政制度改革，允许上海保留更多的财政收入来发展地方经济、改善城市基础设施和住房建设。[1] 在地方层面，上海企业也开始尝试制度改革，以恢复企业的生产力和积极性。[2] 在分权取向的改革中，国民收入分配开始向居民倾斜，企业是转移支付的主要环节，企业成为居民福利的主要来源，[3] 上海工人的年平均工资从1980年的873元 / 年上涨到1994年的7401元 / 年。[4]

住宅建设方面，长期的住房短缺引起了居民的不满，特别是1970年代末知青返城更加剧了城市住房的拥挤程度，甚至引发大量的家庭矛盾。1980年代以来，上海市政府从三个方面着手加快住房建设：对市区边缘的原有工人新村进行扩建、在卫星城和郊县城镇辟建新的住宅新村、在市区棚户简屋较为集中的23片地段进

1. 中共十一届三中全会以后，随着“调整、改革、整顿、提高”方针的贯彻，国家对上海市的财政管理体制进行了调整。1976年执行财政部《关于财政管理体制问题的通知（草稿）》的规定，实行“定收定支、收支挂钩、总额分成、一年一定，固定留成加超收分成”的管理体制。即每年根据财政部核定的收入指标总额和支出指标总额，分别确定中央和上海市的分成比例，实行总额分成。财政收入超收部分，上海市可按30%的比例分成。1979年以后提高到50%，地方财政支出如有结余，除国家另有规定者外，留归地方使用；每年给上海市固定留成15亿元，1983年以后增加到3亿元，以增加地方的机动财力。从1978年开始，将城市房地产税、屠宰税、车辆使用牌照税作为上海市的固定收入；从1980年开始，根据财政部的规定，逐年拨给上海市一笔城市建设维护费。（《上海财政税务志》编纂委员会，1995：237，242）
2. 上海在1979年创建了生产资料交易市场，1980年在44家企业里率先试行了“独立核算、国家征税、自负盈亏”的以税代利的办法。到1982年为止，上海市经委和建委系统所属的11个主要工业局1839个企业都试行了利润留成制度。1984年10月，中共的十二届三中全会提出“所有权和经营权可以适当分离”的论断后，上海又拟定了“扩权十二条”，尝试国有企业承包经营责任制。到1986年底，上海试行厂长负责制的企业由3年前的61家迅速扩充至1000多家。1987年试点从集体小企业推进到465家大中型企业，年底上海共有1732家国企全面实行承包经营责任制，为1990年代初的企业股份制改革打下良好的基础。（孙会岩等，2011：15-18）
3. 1970年代末，政府、企业、居民在国民收入初次分配中所在份额分别是33.5%，19.3%和47.2%，到1980年代中期，这一比例变为18.7%，28%和53.3%，经过各种转移支付后，同期的最终收入分配比例则调增为22.6%，10.6%和66.8%。（吕俊华等，2003：194-195）
4. 《上海工运志》编纂委员会，1997：536-541

行改造。从 1980—1995 年，累计新建住宅 8354 万平方米，为 1949 年后上海三十年住宅建设总量的 416%（图 1–13）。人均居住面积也从 1950 年的 3.3 平方米增加到 1995 年的 8 平方米。[1]

值得注意的是，恢复住房建设的同时，工人新村占总建设量的比重却下降了。[2] 这是因为，财政权力的下放使得企事业单位成为这一时期住房建设的投资主体。[3] 除了工人新村，政府鼓励各单位为自己的职工建造住房：干部新村、教师新村、旧区改造的安置新村开始大量出现。虽然这些新建住房也属于公房性质，且大多以新村命名，但本质上已不属于本书所讨论的"工人新村"范畴。

在 46 年（1949—1995 年）的新村建设过程中，上海的城市政策充满了矛盾和

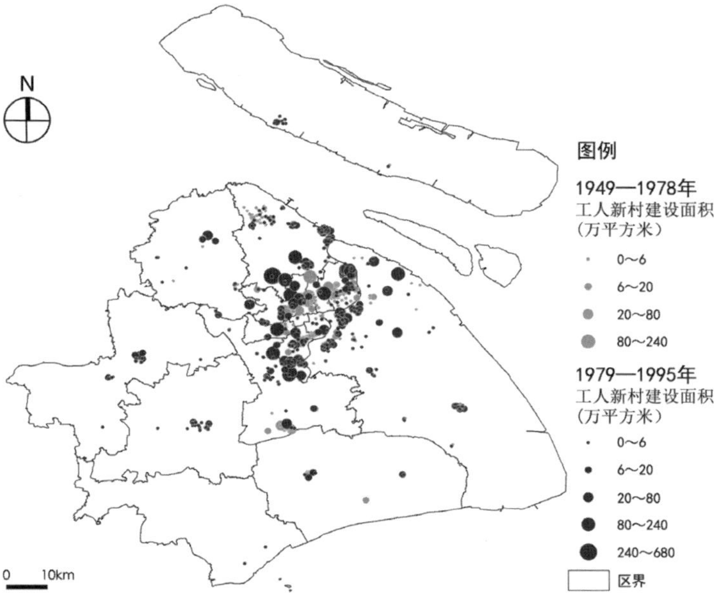

图 1–13 上海工人新村建设（1949—1995 年）

1. 《上海住宅建设志》编纂委员会，1998：143
2. 1979—1995 年，上海新建工人新村 185 个，建筑面积 1466 万平方米，而这一时期的新建住宅总量为 6850 万平方米，工人新村仅占 20%。（《上海住宅建设志》编纂委员会，1998：147，332）
3. 1980 年单位建房投资已占到全市新建住房投资的 54.8%，1985 年这一比率上升到 69.6%，到 1990 年上升到 78.6%。（《上海住宅建设志》编纂委员会，1998：320）

反复。“内地优于沿海”“消除地区发展不平衡”的国家工业化政策长期限制了对上海的财政投入，加之地方政府推行的“重生产轻生活”、以牺牲居民需求来追求快速工业化的经济政策，使得除1952—1954年和1957—1958年两次短暂的建设高潮之外，住宅等非生产领域投资在前30年间一直维持在一个较低的水平——新村建设呈现了明显的“非连续性”特征。可以说，尽管政府做出了巨大的努力，但上海城市住房问题并没有得到根本性地解决，住房建设速度远远跟不上城市人口的增加速度，人均居住水平甚至有所下降（1957年的人均居住面积只有3.1平方米，直到1965年才恢复到1949年以前的水平，见表1–7），1965年时仍有100多万人的职工生活在棚户区的茅草屋里。在城市建设受到严重限制的情况下，新村建设没能彻底改善大多数工人的住房条件。“文革”以后，上海城市住房的建设虽然逐渐恢复，但工人新村已不再是新建住房的主体。随着1990年代末的国企改革、单位解体以及住房商品化改革的启动，工人新村逐渐退出了城市新建住房市场。

表1–7　上海住宅建设投资和人均居住面积（1950—1995年）

年份	投资总额（万元）	住宅投资（万元）	占投资总额比重（%）	人均居住面积（平方米）
1950	1844	50	2.7	3.9
1953	30 459	7133	23.4	3.3
1957	43 722	4605	10.5	3.1
1960	167 552	4771	2.8	3.8
1965	68 562	3861	5.6	3.9
1970	96 567	1116	1.2	4.5
1975	296 295	10 602	3.6	4.2
1978	240 686	22 744	9.4	4.5
1980	408 350	43 407	10.6	4.1
1985	993 216	129 851	13	5.4
1990	1 961 491	262 557	13.4	6.6
1995	14 400 000	2 501 200	19.6	8

来源：《上海住宅建设志》编纂委员会，1998：332–333；《上海房地产志》编纂委员会，1999：100

小结

历史和社会的双重视角有助于我们理解46年的工人新村建设是如何嵌入上海城市发展之中的。面对百年工业化进程中形成的多元、异质的“上海工人”群体，政府希望通过新村模式来塑造新的社会阶层（工人阶级）和创造新的生活空间（新村），并实现“为工人阶级服务”的政治意愿。然而，受工业化等宏观经济政策的影响，46年的新村建造过程呈现出“非连续性”特征。这种“非连续性”体现了人民政府在“生产与消费，城市与农村，工业化与住房建设”等城市问题上的基本原则，也体现了上海的城市空间在“社会主义化”过程中特有的地方性规律。大规模建造的工人新村没能彻底解决工人阶级的居住困难，但它对上海的城市空间与社会结构却产生着持续而深刻的影响。

第二章
公房体系的构建与居民管理

工人新村不仅是计划经济时代上海重要的城市空间拓展，也是公房体系和基层社会管理制度得以建立的关键。本章将深入到制度层面，探讨 1949 年的人民政府是如何通过新村来实现对资本主义大都市的有效治理——租界时期的房地产市场被“统一投资、统一建造、统一分配、统一管理”的公房体系所取代；国民党时期的保甲、福利会、帮会等基层社会组织被改造、限制和取缔，并最终统一在新的居民委员会体系下。

1. 从房地产开发到公房体系

1949 年以前的上海房地产市场

自 1845 年《上海租地章程》签订以来，英、美、法等列强在上海先后获得了租界开发的权利。1853 年小刀会起义和 19 世纪 60 年代初的太平天国运动，使得大量江南地主和富商涌入上海租界寻求庇护。[1] 人多地少造成租界地价的飙升，面对丰厚利润，租界当局单方面修改了《上海租地章程》，取消了“不租华人”“每户用地不超过 10 亩”“不得进行土地投机”等限制，将租房权交给租住两方，自由议价和买卖，租界的范围也不断扩大。到 20 世纪 20—30 年代，中外商人纷纷进入房地产

1. 租界华人从 1853 年的 500 人，增加到 1860 年的 20 000 人，1862 年又达到 50 000 人。（《上海房地产志》编纂委员会，1999：121）

业进行土地投机，租界人口、地价和房价的增长都达到顶峰。[1] 中国近代的房地产业开始在上海租界生发，华洋杂居的居住格局也逐渐形成。

房地产业与中国传统商业不同，其投资大、周期长、涉及行业众多，需要现代金融、保险、建造等行业的支持。这一时期的上海出现了专业的房地产、中介和建造公司，并形成了多种经营模式。

(1) **土地使用权买卖**。根据 1845 年的《上海租地章程》，租界土地的承租人必须是外国人。因此，不少在沪外商利用对租界土地的永租特权进行房地产买卖：他们申请到土地承租凭证（道契）后，可以一次性高价卖给中国开发商，也可以以代理人身份长期收取代理费。即使在中国政局不稳的时期（19 世纪中叶到 1930 年代），外国商人对租界土地承租权的垄断始终不变。这种代表外国人特权的土地承租凭证逐渐成为上海房地产市场信誉最高、流通性最强、最具价值的商品。[2]

(2) **华商租地建房**。从事房地产的中国商人一般向租界地主租地建房。租地主要有三种形式：①不定租期，首付一笔租金（10 ～ 20 年），之后每 5 ～ 10 年随地价上涨再加租金；②规定租金和租期，到期拆屋还地；③规定租金和租期，到期连地带屋一同无条件还给地主。虽然租界地价上涨快，但租房价格提高的更快，即使是条件最苛刻的第三种形式，仍有大量商人愿意承租。因为就当时的价格来看，土地 20 年的租金和建造费用大约相当于 5 ～ 10 年房屋租金，即使最后土地和房屋全部还给地主，仍剩下 10 ～ 15 年的租金可为利润[3]——足见 20 世纪 20—30 年代上海房地产市场的热度。

(3) **金融与中介机构的支撑**。房产交易量的增加刺激了银行、证券和租赁等金融机构的产生。外国房产商主要通过外国驻华银行贷款（1930 年前上海 14 家银行中 13 家是外资银行），而华商主要通过钱庄贷款。与此同时，在地主、房产商、银行、建造商和租客之间也形成了各类中介公司：有买卖道契的中介（尽管这是禁止的），

1. 1909—1919 年间公共租界每年平均建房 4000 多幢，1919—1933 年平均每年建房 6000 多幢；地价也快速上涨，如 1881 年法租界地价是 500 元 / 亩，1930 年升到 1500 元 / 亩。租界的繁荣也带动了周边华界（尤其是与租界毗邻的华界）地价的上升——短短 10 年，南市与闸北两区地价就是原来的 4 倍。（《上海房地产志》编纂委员会，1999：121）
2. 1914 年租界内挂外商名义、实由华商开发的土地产业占 37%，1930 年则超过 50%。（《上海房地产志》编纂委员会，1999：121-123）
3. 周浩泉，1990：55-59

有利用语言和法律优势代理中国官员和富商经营租界地产的外国中介，还有的大量的房屋租赁公司和数目众多的“二房东”等。

（4）**参与房地产的建造公司**。为适合商业开发，租界土地是按照分块批租的方式，分成小块出租。每块土地约 2 ～ 4 公顷，地块内部四面通马路，内住外商，呈棋盘格局。不少建筑公司虽然没有土地和资金，但他们通过“期房”来经营房地产。所谓“期房”是指建造公司先登广告召租客，租客缴纳一笔费用作为未来 10 ～ 20 年房租，建筑公司再利用这笔钱租地建屋。一般 1 ～ 2 年内建成。这样租客省去找房之苦，价格也相对便宜，建造公司也可做无本生意。

尽管受到战争的影响，上海（特别是租界地区）的房地产业出现过短暂的停滞甚至衰败，但总的来说，1949 年以前的上海已经建立了相对完善的金融和信贷体系，形成了具有现代意义的房地产市场。

私房的社会主义改造

1949 年，上海开始逐步对住房市场进行改造。首先是对战后敌产进行接收。人民政府接管了日本占领者和国民党政权在上海的 5800 余处房产，以及逃离上海的旧官僚和资本家的 9000 余幢私人房产。同时宣布不承认外国人在中国的土地所有权，对租界 765 万平方米的外国人房产采取征用、转让、回收等方式全部收归国有——这些被国有化的房产构成了最初的上海公房体系。[1] 然而，战后上海住房的主体是市民私房。即使经过 6 年的初步改造，到 1955 年上海市区仍有私人房产 2751 万平方米，占住房总量 60% 以上，这还不算城市边缘的简棚私房——这意味着政府可支配的公房不到住房总量的三分之一。有限的公房无法满足政府庞大的行政和军事用房，各机构常常因为办公场所的租用发生矛盾。调查显示，当时城市私人住房中有 70% 用来出租，即大部分住宅非业主自住，而是以租赁形式进入房产市场 [2]——在人民政府看来，房屋租赁也属于一种剥削现象。因此，在度过了短暂的经济恢复期（1949—1951 年）和肃反运动（1952—1955 年）之后，政府决定对上海的房地产展开进一步的社会主义改造。

---

1. 《上海房地产志》编纂委员会，1999：195-197
2. 《上海房地产志》编纂委员会，1999：198

1956年起对私营房产的社会主义改造分企业和个人两个阶段。第一阶段是1956—1958年间对私营房地产企业的改造（公私合营），第二阶段是1958年后对私人房产的改造（国家经租）。

（1）**公私合营（1956—1958年）**。对于企业房产，具体做法是对经营房产面积大于1000平方米的房地产企业（约1450家），由政府出资对其所有权进行收购。[1]被收购的房地产企业可以继续从事房产业务，职员也可以留下继续工作，但企业利润全部归国家所有。职员和企业主的工资由政府支付，政府还从每年利润中拿出一定的提成分给各企业主。一年后，政府将这些零散的房地产公司合并成为“上海房地产公司”，并在各行政区建立区业务所，1958年后改名为市、区房管局，成为统管全市房屋的国营单位。

（2）**国家经租（1958年以后）**。对于私人房产，政府首先区分“自住”和“出租”两种用房性质。社会主义改造主要针对在房地产市场流通的“出租房”。改造规定:“出租房面积超过150平方米的私人业主，须将房屋出租权交予国家，由政府房管部门统一修理、统一租金标准、统一房屋使用、统一租赁（“四统一”），国家再把租金的20%～40%还给原房屋业主”——这实质上是对私人房产的有偿征用（国家经租）。这一改造有三个目的：一是政府通过控制城市私房的租赁权来满足战后办公用房的短缺；二是政府希望通过对私房的统一管理来解决战后私人房屋不断破损而无人修缮的状况；[2]第三，私房出租权上交国家，意味着房东与房客分离，自由议价的房地产市场逐渐式微，政府成为租赁价格的唯一制定者，住房也成为社会主义计划经济体制的重要组成部分。1966年“文革”以后，政府不再返还20%～40%的租金给业主，出现了“所有权归业主，但出租房由国家免费征用”的现象。1970年代，在激进的国有化政策下，政府甚至强迫业主将自住私房（非出租部分）上交政府[3]——私房所有权也开始受到限制。经过一系列的社会主义改造，政府成为城市住房的唯一供给方，由单位和房管局（所）统一分配和管理，城市公房体系进一步加强。

1. 收购先由业主报价，再由同行业评估，最后由政府确定价格。刚解放的上海，资本家们作为剥削者和旧政权的合作者，一直担心新政府对他们进行镇压，1951—1952年间明显针对他们的“三反五反”运动更是让资本家心有余悸。为了与新政府建立良好关系，不少资本家宁愿将企业低价出卖来换取新政府保护他们的承诺。
2. 但实际上，国家从1960年代开始一直处于经济困难时期，这部分租金最终也没有真正用于修缮房屋。
3. 这些被非法占用的私人房屋直到1990年代初才逐步还给原业主。

表 2–1　上海城市私有房屋的变化情况（1950—1978 年）

年份	城市房屋总面积(万平方米)	私营面积（万平方米）	私营面积占比	城市住宅总面积（万平方米）	私人住宅面积（万平方米）	私人住宅面积占比
1950	4679	4548	97.2%	2360	2280	96.6%
1955	4581	2751	60.1%	2668	2293	86%
1958	5362	1426	26.6%	3300	1055	32%
1965	6682	1347	20.2%	3741	1092	29.2%
1978	8653	968	11.2%	4117	958	23.3%

来源：《上海房地产志》编纂委员会，1999：198–201

表 2–1 显示，1949 年上海房屋产权的私有程度很高：97.2% 的城市房屋和 96.6% 的住宅属私人所有。在社会主义改造的第一阶段（1949—1955 年），在房屋总量基本稳定的情况下，私营面积比例下降 37.1%，而私人住宅面积只下降 10.6%，可见这一时期的改造主要是针对工业、商业和办公类的私营房产。从第二阶段（1956—1958 年）开始，政府加大对私人住宅的国有化改造的力度，三年中全市私房面积比例下降 33.5%，而私宅面积下降 54%。通过第二次改造，上海公有住房比例第一次全面超过私房，成为城市住房的主体。到 1978 年，有 3580 万平方米的私房（其中包括 1322 万平方米的私人住宅）转变为公房，公房比例达到历史最高（88.8%）。

城市公房体系

战后上海公房体系的形成一方面通过对既有私房的社会主义改造，另一方面通过新建工人住房——从 1951 年曹杨新村开始——在投资、建造、分配、管理四方面全面构建社会主义城市公房体系。

（1）投资方面。在第 1 章，我们从 1949—1995 年工人新村“建设量”的变化可以看出中央和上海在政治、经济关系方面的调整。而这一时期新村“投资结构”的变化可以显示“政府—单位—个人”在公房建设方面责权关系的调整。根据投资渠道的不同，1949 年以来上海城市住宅建设大致分为四个主要时期（表 2–2）。

阶段 I（1949—1958 年）：从上海解放后到私人房产社会主义改造完成之前，受财力限制，政府主要通过示范项目（如“1002 户”及“两万户”）来鼓励私营企业和私人业主投资建房。然而，由于担心财产被国有化，私人企业和业主响应者寥寥（除

表 2-2 上海城市住房建设各渠道投资比例（1950—1995 年）

阶段	各渠道投资比例（%）		
	政府	单位	个人
阶段 I（1950—1958 年）	75.6	24.4	—
阶段 II（1959—1976 年）	97	<3	—
阶段 III（1977—1990 年）	21.4	78.6	—
阶段 IV（1991—1995 年）	23.6	—	76.4*

来源：《上海住宅建设志》编纂委员会，1998：308–311

* 其中 51.4% 为职工集资，25% 为私营企业投资。

郊区农民自建房）。1950 年代初，政府不得不对一些经济效益较好的私营和公私合营企业作出强制规定，即每年从企业盈利中拿出 15% 作为职工奖金福利和职工住房建设——即使如此，企业投资在全市住宅建设投资中的比例也只达到 24.4%，其余仍然靠政府投入。国家投资的对象主要是在沪央企和上海地方国企（前者由中央财政拨款，后者由上海市政府拨款）。这些国有企业的住宅建设计划必须先向中央（或上海）政府提出申请，经批准后才能获得建设资金。

阶段 II（1959—1976 年）："一五"计划后，中国政府逐渐摆脱了苏联指导，走上更为激进的社会主义道路。[1]1958 年在完成了私营企业和私人房地产的国有化改造之后，上海建立了高度集中的公房管理体系。在 1958—1978 年间一系列的社会运动（"大跃进""人民公社""文化大革命"）中，城市住宅投资和建设完全由政府计划决定（97% 以上住宅建设投资来自国家财政拨款）。所有企业建房（此时私营企业不到 5%）必须通过中央和地方两级政府审批，住房由单位统一分配。在高度集中的计划经济体制下，公房建设与职工需求和企业效益无关，只与当年国家社会经济发展计划中的固定资产投资比例有关。"先生产，后生活"的城市发展政策以及中央对上海财政投入的收紧，[2] 造成了整个 60—70 年代上海职工住房建设处于停

1. 出于对社会主义的不同理解和国家利益的冲突，从 1950 年代末的交恶到 1980 年代，中苏两国的关系一直相当紧张。（沈志华，2007：29–42）
2. 这一时期上海的企业利润和地方财政（税收）收入全部上缴中央，支出则靠中央的财政拨款。这种高度集中的计划经济制度一直持续到 1988 年。据统计，1949—1990 年，上海市地方财政收入总计为 3911.79 亿元，其中上缴中央支出 3283.66 亿元，占 83.94%，地方分成 628.13 亿元，占 16.06%。而这一比例在 1980 年以前更低，这是上海企业和地方政府在 1990 年代以前难以开展住房计划的重要原因。（Henriot et al.，1996：35）

滞甚至下降状态。

阶段 III（1977—1990 年）：“文革”结束以后，高度集中的计划经济和片面强调生产的政策开始受到反思，中央调整了与上海的财政关系，上海地方政府和企业获得更大的财政自主权，生活性投资增加。住宅投资从“国家统建”到后来的企业自建为主。各单位开始从自己的效益中拿出部分资金，积极改善职工住房条件，企业单位替代国家，成为投资的主体（78.6%）。

阶段 IV（1991—1995 年）：1991 年市政府推出《上海市住房制度改革实施方案》，建立由国家、企业（单位）、个人共同解决住房问题的机制，逐步把住房的生产、交换、分配、消费纳入商品经济轨道。具体来说，政府规定企业和个人开始每月缴纳住房公积金；国家向社会发售住宅建设债券，同时积极鼓励华侨、外资和港澳资金投资上海建造住宅。

总的来看，在 46 年的新村建设过程中，1980 年代至 1995 年是全市住宅建设投资增长最快的时期。

（2）**建造方面**。在近代发展的黄金时期（1930 年代中期），上海房地产业已拥有大小建筑公司和营造厂 3000 多家、从业人员 10 万多人。后因战争原因，建造量和企业数量均有所下降，但到 1949 年，房地产从业人员仍有 4 万多人。[1] 人民政府进入上海后，直接接管了一些与旧政权有联系的中外资本家的营造厂，并对 120 家大型私人营造公司进行“公私合营”改造，合并重组为 5 家国营公司，政府在建造行业的控制地位初步形成。1952 年者五家国营公司又合并了 3000 多个私营小厂，成立了“上海市建筑工程局”和“华东建筑工业部”两大国营建造企业（7 万名职工），后者是 1952—1956 年间工人新村的主要建设单位。1958 年国有化改造运动中，上述两家国营公司再次合并为全上海唯一一家大型建筑国营单位——“上海工程局”。从此，城市住房、公共建筑，甚至私房改造的建造与施工全部由这一家单位负责。[2]

在建造方式上，1949 年前，上海里弄住宅的建造主要采用工程招投标方式，由营建商（房地产公司）在市场选择施工企业承包建造。1949 年后，主要由市计

1. 《上海住宅建设志》编纂委员会，1998：312
2. 《上海住宅建设志》编纂委员会，1998：312

划委员会根据当年的国民经济和社会发展计划制定全市建设项目（包括住宅）的投资规模、数量和工程进度，以计划指令的方式下达到（地方）建设委员会，建委再将这些建造任务分配给各国营工程单位（主要是上海市建筑工程局和华东建筑工业部两家）组织施工建造。同时，由于国家全面控制房地产市场，建筑材料和技术工人由政府垄断，材料费和人工费也就由国家根据当年住宅建设标准（每平方米造价）精确计算出建造费用后再拨给施工单位，由施工单位自行采购。因此，建造单位并不以盈利为目的，只作为国家实施发展计划的一个技术部门。这种高度集中的建造方式直到 1984 年房地产市场全面开放才得以改变。[1]

（3）**分配方面**。共和国成立初期，上海的公房分配主要由公房管理处和后来成立的市房地局负责，分配对象是市、区机关和事业单位的干部，以及企业中一部分劳动模范、先进工作者和住房特别困难的职工。1952 年开始，新建公房的分配方式调整为企事业单位提出住房面积需求，逐级上报市房地局，经过房地局汇总、平衡后下达分配面积，各单位再经过民主评议后将住房面积最终分给职工。1957 年以后，为加快住宅建设，政府采取“六统一”[2]的办法，住宅分配由市政府统筹安排：即在新建住宅中先留出一部分房源作为建设基地上原住民的动迁房源，其余按照“条块”方式分配——“条”指市、区机关、事业和工厂企业单位的职工住房；“块”指各区房管部门，解决本区住房困难的居民需求。随着新建公房的数量增加，政府很快发现按“条”（单位）分配的优越性：一方面，在物资短缺的年代，可分配的住房面积总是不能满足职工的需求，房管局作为住房管理和分配单位，每天要接待大量的住房申请者，日常工作不胜其烦。而且绝大部分的申请都难以解决，造成职工与房管所之间关系紧张。另一方面，单位分配住房可以让企事业单位自行选择附近房源，方便职工上下班。同时，通过建立住房分配的激励机制，可以调动单位职工的工作积极性。因此，在 60—70 年代，上海采取了“条块并存，以条为主”的住房分配方式。特别是 1982 年市政府出台了《关于加快住宅建设若干问题的决定》，规定“工厂企业职工的居住困难，由职工所在单位解决”，改变了国家全部包揽的做法，单位成为工人获取住房的唯一途径。

1. 1985 年上海引进了中央和外省市大量的施工队，重新回到招投标方式。
2. “六统一”指住宅建设中统一计划、统一投资、统一规划、统一施工、统一分配、统一管理。

（4）**管理方面**。1954年政府规定，各企业单位除自用特殊房（厂房、医院、公墓、学校等）以外，其余房屋（包括单位自建房屋）全部上缴房管所管理，并根据标准缴纳租金。1958年的国有化运动使得绝大部分的私人业主失去了房屋所有权，成为城市公房的租客；过去私人房东的“房屋登记注册、招募租户、定/收房租、维修保养”等工作全部转到房管所统一负责，房管所成为代表政府对城市住房进行管理的唯一机构。受1930年《民法》[1]保护的私人房屋产权在1949年不再被承认——个人“所有权”概念被企业“所有制”概念所取代。根据1954年宪法，所有制被分为四种类型：全民所有制、集体所有制、劳动者所有制和资本家所有制。其中前两种为社会主义所有制的主体。在这样的公房体系下，居民与住房之间的产权关系变为“租用”，居民无权对住房进行改动，即使是水管漏水这样的小问题，也必须向房管所报修，由房管所派专人维修。

2.从保甲到居民委员会

工人新村一方面通过投资、建造、分配、管理等制度建设形成一整套城市公共住房生产办法；另一方面，工人新村也为基层社会新组织——居民委员会的设立提供了契机。

对基层社会的控制一直是上海历届管理者重要的政治任务。在日军入侵之前，上海从管辖权的角度存在三类地区：租界、华界、棚户区——公共租界由工部局负责、法租界由法国领事和公董局共同负责，华界由国民党政府管理，而棚户区则被排斥在城市中心地区之外，虽然行政上属于政府，但实际控制权却往往被地方势力所控制。[2]管辖权不统一造成国民政府难以对城市基层社会进行全面有效的控制。虽然政府在1920年代末开始推行保甲制度，1938年以后还得到日本占领者的强化，但对于上海这样一个人口高度流动的大都市，保甲的作用始终是有限的。相反，由于缺乏一个强有力的政权，城市基层社会还发展出了两类民间组织：里

1. 西方国家私有产权的概念在清末中国的法律文本中已有所体现。20世纪初的国民党政府也希望通过学习西方的法律制度来加速国家现代化，并在1930年颁布了《民法法典》，承认私有产权，并对不动产产权作了“所有权、使用权和居住权”的区分。然而，由于战争和政局不稳，这一法典并没有真正实施并产生影响。

2. Wakeman，2002

弄居民的“福利协会”和以同乡互助会为基础的“帮会”。这些组织弥补了政府在社会福利上供应的不足，也限制了政府对基层社会的全面控制。可以说，在多种势力的长期较量中，保甲、福利会、帮会三种组织共同构成上海基层社会的治理空间。[1]

1949 年的人民政府通过对这三种基层组织的改造、限制和取缔，希望建立一个全新的、更为有效的居民管理组织，而工人新村的建设恰好为这一目标提供了实现机会。

1949 年前上海的基层社会组织

（1）**保甲**。为加强对基层居民的管理，1927 年的国民党政府在上海推行保甲制度[2]。与传统保甲相比，国民党政府的保甲引入“地方民主”的概念，即负责社区日常事务的保长与甲长由居民推选产生，政府设立训练所对居民宣传地方民主并进行自治培训。但实际上，新保甲的主要工作是完成“户籍登记与变更、赋税兵役和安全保卫”等政府下派的行政任务。保甲长要接受区政府的领导，政府还要求保甲内居民“互相监督，一旦出现藏匿人口、逃税避役、安全等问题则共同承担责任”。[3] 可见，国民党保甲的实际目的，是以“地方自治”为名来加强政府对基层社会的控制。[4]

雄心勃勃的保甲计划在实施初期中遇到了不少困难。比如在租界地区，由于人口流动性大、华洋杂居，外国机构与外籍人士不受中国法律制度的约束，且各区警署已承担了保卫和户政之功能，保甲制度与里弄居民的日常生活没有实际的联系，形同虚设。而在里弄之外的棚户区，居民“出身贫苦农民，缺乏可担任保甲长的管理人才，游民习惯也难以服从保甲管理”。[5] 直到 1937 年占领上海的日

1. 这里沿用 1951 年上海市民政局时任局长曹漫之的观点，即 1949 年前上海里弄存在“三位一体”的治理空间。（郭圣莉，2006：43）
2. “保”和“甲”都是将居民进行分组的单位，10 户为甲，10 甲为保。保甲制度起源于周朝，是传统中国组织城市和乡村居民，维持地方秩序，传达政令的一种基层社会组织制度，通过将居民分组来实行“共同责任共同担保”。虽然各朝代的组织形式有所不同，但其功能主要有四种：税赋、兵役、警卫和户政。
3. 郭圣莉，2006：27-36
4. 冉绵惠，2005
5. 张济顺，1996：44-45

本军政府对租界的里弄地区实施全面的经济管制，粮食和主要生活必需品都必须通过保甲长清查人口按户定量供应——居民对保甲制度的依赖性才得以建立。1942年汪伪政府收回公共租界和法租界管辖权，整个城市空间（公共租界、法租界和华界）在上海开埠后第一次处于政府的统一管辖之下，保甲制度的权威性也得到加强。1945年抗战胜利以后，国民党政府重新编制保甲计划，进一步加强对保甲长的控制。[1]

从上海的保甲制度发展过程（1927—1949年）来看，虽然各个时期的城市管理者都重视保甲，其权威性也不断得到加强，但保甲的实际运作效果却始终不能令人满意。有资料显示，国民党时期的保甲工作人员进行户籍调查、征收各种费用时常常受到里弄居民的抵制；保甲长利用职权虚报户口以自肥，侵吞挪用保甲经费，甚至通过克扣粮食证来敲诈居民的情况时有发生。[2]“一人犯法，保甲内居民共同承担责任”的威胁也未能打破里弄居民之间的传统伦理，居民之间互相监视的目的也从未实现。

（2）福利会。在保甲制度之外，上海的里弄空间还存在多种居民自治组织。与乡土社会中的血缘或地缘不同，这些自治组织与现代都市的社区生活紧密相关。比如在19世纪减租运动中，租客为抵制不断上涨的房租而自发成立的“房客联合会”[3]；为防止个别居民独占或流氓霸占自来水龙头，里弄居民成立的“自来水管理委员会”；以及法租界的麦琪里、天吉里和吉庆里中专门负责社区水电、卫生、教育、消防等公共事务的里弄公益组织。这些组织不仅维护个人利益，也是居民对社区自治的一种自觉。它们大多没有政治意愿，有些还主动协助政府落实里弄自治的政策，但国民党政府为了保住保甲的唯一合法性，拒绝为这些民间组织合法注册。但这些民间组织与当地保甲长有密切的联系，后者往往也是这些组织的参与者，因此政府的禁令往往难以实施，只能默许这些未经民政部门注册的居民

---

1. 汪伪政府规定，保长必须由该地区的警察分局局长任命。到1945年，国民党政府规定，保甲长都必须是“本党忠实党员”。1947年公布《上海市区保甲组织暂行办法》，重新划分保甲，规定10～30户为甲，10～30甲为保，全市30区下设1193保办公室，28 552甲。（《上海民政志》编纂委员会，2000：39）
2. 张济顺，1993：50
3. 1921年发生大规模的房屋加租风潮，部分里弄和街区出现房客联合会等房客团体，进而联合成立上海房客联合总会。（朱英等，2010：90-100）

组织大量存在。[1] 到 1950 年全市有里弄福利会 36 家，这些福利会先由从居民楼中选出居民代表和小组长，再由他们选出福利会委员。福利会下设治安组、文教卫生组，负责组织居民防火防盗，轮值纠察，办黑板报和读报小组，每周组织卫生大扫除，以及组织妇女和失学儿童开办识字班，等等。里弄福利会也为 1954 年城市居民委员会制度的建立提供了经验借鉴。

（3）**帮会**。1949 年以前的上海市民经常面临着战争、经济动荡和社会安全的威胁。对于商人和工厂工人来说，商会和工会可以保护他们的权益；对于一般手工业者和城市游民，政府却未能提供足够的安全保障。这类人往往通过参加一些非正式的组织来获得安全和社会资源。这类组织有规模较大的青、红帮，也有规模较小的地方帮派，它们以籍贯为纽带，通过结拜形成互助关系，提供生活和工作上的保障。实际上，参加帮会的人员既有底层穷人，也有上流社会人士，职业上有无业盲流也有工人和职员。[2] 这些帮会大多没有合法地位，但不能简单看成黑社会团体，他们与地方政府有着特殊的关系。1949 年以前上海的各种政治势力：租界政府、国民党政府、亲日政府都试图利用帮会资源来加强自己的控制。有些帮会也会配合政府行动，吸收政府的保甲人员，甚至成为政府管理里弄的基层组织。[3] 可以说，帮会在一定程度上弥补了官方体系的不足，为各个层面的城市居民提供了一定的安全保障，也打破了保甲系统的垄断控制。

在 1949 年前的里弄空间中，作为官方体系的保甲、代表社区居民集体利益的联合会和跨社区的同乡帮会之间相互制约、相互渗透，共同构成上海城市的基层治理结构。国民党政府通过保甲控制基层社会的意图一直受到多种民间力量的制衡，始终未能实现对基层社会统一、有效的管理。

---

1. 据市政府社会局 1949 年 1 月的统计，除宗教、慈善团体外，上海有各类社会团体 1336 个，这还不算未经注册的居民组织。例如，1950 年在面积不到 1 平方公里的老闸区（于 1956 年归入黄浦区）就有居民组织 25 个，它们大多没有得到政府许可。（《上海民政志》编纂委员会，2000）
2. 20 世纪 20—30 年代，上海市民中有 60 万人参加了帮会，占当时上海人口的 25%。上海纱厂男工的 70% ～ 80%，人力车夫的 90%，码头工人的 70% ～ 80% 都参与地方帮会。（熊月之，1999：238-242）
3. 张仲礼，1990：841-871

工人新村里的居委会

1949年进入上海的人民政府明确宣布，保甲是国民党统治民众的工具，应当废除。但在实际工作中却发现，由于基层干部缺少城市治理经验和群众基础，在清点房屋人数、调查战争受损情况、战后重建、维持地方秩序、卫生和税收等方面，保甲人员是当时唯一可以利用的组织资源。因此，在建立起自己的基层组织之前，政府不得不采用“暂时利用现有保甲人员为新政府服务”的态度。政府意识到，需要废除的是国民党的旧制度，而不是对基层社会的管理策略，甚至有领导认为这种管理技术应当继承。[1]这就造成一个矛盾的现象：一方面是政府不断地对城市居民宣传新社会、新制度，但另一方面，在居民日常生活中，大部分保甲人员仍然继续负责户籍调查，卫生和安全等工作——一般居民无法区分保甲人员与新调查员的区别。他们在办理捐款、身份证明、医疗减免费等事务时仍然习惯去找保甲长，而政府的基层组织（卫生、宣传、保卫等小组）总是难以被居民接受。因此，过渡期后的政府马上着手对旧的基层社会组织进行彻底改造。改造的对象既包括旧政府的保甲组织和庞大的帮会组织，也包括里弄中的各种居民福利社团。

首先，人民政府在镇压反革命运动打击并清理了里弄保甲人员、帮会成员和流氓地痞。[2]1952年和1954年又先后两次对里弄居民委员会干部进行“净化整顿”——政治背景有问题的居民代表被清除出干部队伍，工人阶级家属取而代之。此外，针对个别居民福利会以“人民当家做主”为名义，“扩大组织规模，成立了自己办公室，雇佣办事人员”的现象，政府又开始对里弄福利会中有旧政权背景的居民及其家属进行清理，取缔了里弄中绝大部分的民间组织（包括慈善机构和宗教团体）。政府的理由是——新中国是全体人民的国家，它不应当支持任何特殊群体的独立利益诉求。[3]即使是以福利为目的的民间组织，都必须在党的领导下来建构。这场大规模的里弄清理运动即使没有将旧社会的“坏分子”全部清除，也足以摧毁原有的基层社会组织。

---

1. 上海市长陈毅说，“保甲这一套东西，是日本人和国民党费了很多心思才搞起来的。我们进城以后，要好好接收，不能使户口簿，资料，档案有所损失，对保甲制度，我们既不承认，也不要立即取消。”（郭圣莉，2006：29–30）
2. 近10 000人被公开审判，1800多人被枪毙。1951年4月的一个晚上就拘押了8000多人。（杨奎松，2004：1–20）
3. 郭圣莉，2006：66

在清理原有基层社会组织的同时，政府也在积极组建自己的基层组织。1952年，上海政府颁布《基层居民组织的暂行办法》（1954年更名为《上海城市居民委员会组织条例》），规定大约3000居民成立一个居民委员会，下设保卫、文教、卫生、调解和福利等委员会。居住区内10～20户居民成立一个居民小组，每个小组选1名代表参加居民大会，大会每年选出居委会主任、副主任与7～15名委员。从条例上看，居委会是居民自治组织，不属于行政单位，但实际上它要接受人民政府的领导，每月要向街道办事处汇报工作，召开居民代表大会也必须经办事处同意。

居委会制度的实践在里弄和工人新村两个空间里分别进行。正如前述，在里弄空间中推行新的居委会组织并不顺利，政府一边严厉镇压里弄中反动分子，一边尝试在居民中间建立清洁卫生、文化宣传、保卫等居民小组。然而经过2年多努力，直到1954年，新成立的居委会中仍有相当比例的干部与旧保甲成员有密切联系，不少干部还被查出有严重的历史政治问题。[1]面对这些背景复杂的里弄居民，政府的社会动员遭遇了很大的困难。

相比之下，工人新村中居民委员会的建立和运作却相对顺利。首先，新村是市区边缘的新建居住区，居民中较少有保甲、帮会、福利会等旧组织残余，居委会是唯一的居民组织。新村建成初期，由于生活设施的缺乏，居民的基本生活需求（购买食品、出行、安全等）都需要通过居委会向区政府申请，这增加了新村居民对居委会的依赖程度。其次，新村居民来源较为单一，大多数是国营企业的职工。在旧社会他们是出身贫苦的体力劳动者，是新政府为他们提供了工作，优先解决了住房，他们心存感激。在单位他们服从领导、积极生产，在新村他们积极配合居委会干部，这使得居委会的各项工作得以顺利进行。此外，按照工作单位分配住房，使得同一单位职工的居住地相对集中，即使是在一个新村内，同一单位的职工一般都被集中分配在同一幢同一层。空间安排的高度秩序化大大方便

1. 1954年上海《市委关于里弄整顿工作的指示》称，“尽管历次运动对里弄组织进行了改造，然而目前仍有163 000多摊贩、150 000失业者和20万在未经登记娱乐场所（饭馆、澡堂、茶楼、舞厅等）的打工者，总计60多万人。这些人当中还隐藏着反革命分子、危害治安分子，甚至还有躲避土改的逃亡地主。居委会内部，也有不少干部背景不纯，至今未能确保工人阶级的领导地位。”（上海档案馆档案，B168-1-30）

了居委会的管理工作，[1] 单位制为居委会组织和动员居民提供了有力的支持。[2]

居委会的任务主要有两个：①提供文教、卫生、调解和治安等社区服务；②传达政府政令、动员居民参与各项社会运动（如“三反五反”运动、爱国卫生运动）、实行居民相互监督、揭发反革命坏分子等政治任务。早期的居委会制度在某种程度上延续了保甲的社会控制功能，但 1958 年的两个重要措施使得居委会较保甲在管理基层社会方面更进一步：一是政府要求上海 122 个街道办事处建立党总支部，下属的居委会也必须建立党小组和党支部，做到每个小区和居委会都要确保党组织的领导[3]——这大大加强了政府对基层社会的控制；二是 1958 年开始的“大跃进”和人民公社化运动。上海政府在新村提倡“社会主义集体生活”，即通过居委会动员新村居民参加“生产、生活、文化”三种组织，实现国家对城市居民实施的政治教化的功能。

人民政府的领导者认为，社会主义的快速建设需要全民参与。城市职工有各自的工作单位，那么职工家属——即散布在居民区中大量的家庭妇女如何参与社会主义建设？1958 年，受人民公社化运动的启发，上海市政府提出要把全市 130 万家庭妇女从家务劳动中解放出来，组织她们参加社会主义建设，从生产、日常生活和文化教育三方面，提高她们对政府的认同和服从程度。于是，三种“集体组织”在新村和里弄中产生：①生产性组织：在居住区内建小规模的加工厂，为家庭妇女提供集体劳动场所；②生活性组织：建公共食堂、托儿所等，为参加集体劳动的家庭妇女解决家务劳动的负担（图 2-1 和图 2-2）；③文化组织：办社区图书室、学校、读报组等学习社会主义文化（图 2-3）。仅用一年时间，全市居民区（里弄和新村）就成立生产组 4600 多个，各类服务组 2625 个。[4]1960—1962 年，

---

1. 例如上海第一个工人新村——曹杨一村的居民主要来自纺织、机器、烟草三个厂，二村、三村居民来自两家纺织厂，七村 1083 户则是人民印刷厂职工。新村成立之初，几乎每个单位都成立了各自的家属委员会，到 1954 年后家属委员会才合并成统一的居民委员会。（曹杨一村居委会 2010 年档案材料）
2. 典型的例子是 1962 年至 1970 年代中期的知青上山下乡运动。为了动员这些新村青年到边疆“再教育”，居委会干部要挨家挨户进行动员。对于不服从动员的家庭，居委会最有力的措施就是联合居民所在单位，通过单位施加压力来完成动员任务。
3. 郭圣莉，2006：97
4. 仅在普陀区，各新村居民办幼儿园 1044 个，民办小学 125 个，中学 127，文化站 188 个，图书室 187 个，运动协会 156 个，医疗组织 190 个。食堂 95 个，托儿所 131 个，其他各类缝纫组、洗衣组、加工组。（上海市档案馆档案，A20-1-81-7）

图 2–1 生活性组织：托儿所
来源：中国人民对外文化协会上海市分会，1957

图 2–2 小学生做集体操、写作业
来源：上海市普陀区人民政府曹杨新村街道办事处

图 2–3　文化组织：棋牌社与合唱团
来源：中国人民对外文化协会上海市分会，1957

组织集体化生活达到高潮，居民区各类组织达到 10 604 个，参加人数 502 130 人，78% 的妇女劳动力从家庭中被动员出来。其中参加生产组 375 193（74.7%），生活服务组织 111 520（22.2%），文教类组织 15 417（3.1%）。[1] 这些组织增加了居民的收入（每月可增加 10 ～ 20 元），提供了一定的社区便民服务，弥补了新村公共设施的不足，也带来社区生活的新变化：

首先，集体化生活模糊了居住和生产、家庭空间和集体生活的界限。很多缺少场地和设备的新村坚持开办小工厂，干扰了居民的正常生活；缺乏师资的托儿所和学校影响了教育质量；家务劳动的集体化也给家庭生活带来诸多不便。而那些不配合的居民却往往被视为思想落后而需接受更多的政治教育。

其次，家务劳动的互助组确实促进了集体生活，但也改变了社区生态。由家庭妇女组成的各类生活小组，在固定时间和固定地点提供日常生活服务，使得原有在里弄从事服务业（保姆、修理等）的外地居民失去生活来源，加上 1958 年的户籍制度，大量的外地流动居民被动员回乡。里弄也开始像新村一样，居民构成出现同质化趋势，逐渐形成自给自足的小社会。

最后，居民自治组织的行政化程度大大加强。1958 年开始的各类“集体生活”主要是靠居委会组织和动员的：居委会干部负责从工厂单位抽调工人指导生产；

1. 上海市档案馆档案，A20–1–81–7

从居民家里借用炊具组成集体食堂，桌椅拿去办学校，等等；在下班时间还要组织居民参加读书读报小组转达时政——居委会成为政府在居民区的代言人。也正是从这一时期开始，无论是国家的政治动员（例如知青上山下乡），还是居民的日常生活服务（分配粮食和基本生活用品、住房、婚姻、财产公证等），甚至是配合其他机构（派出所、银行、邮局、房管局等）的信息收集、出具证明等行政事务都要通过居委会；居委会干部也有了固定的办公地点，全日制上班，从无收入义务制转为津贴制。居委会的权力在无形中扩大，逐渐成为政府的基层办事机构。虽然在“文革”期间居委会工作有所中断，但直到 1990 年代中期以前，居委会高度行政化的性质没有根本的改变。

应该说，新村为居委会制度的建立和发展提供了条件。首先是因为新村远离市区，没有福利会或帮会等旧组织的残余，组织工作的基础较好；其次是因为新村背后的单位制为居委会顺利推行提供了重要支撑。居民来源较为单一，居委会与单位实施的联动管理更为有效；最后，新村在 1958 年以来集体主义倡导下的各种运动确实扩充了居委会的工作内容，加强了居委会的权力。新村不再是单纯的居住区，而是与“单位”一样，成为组织城市居民的一种空间单元、治理手段和生活方式。如果说单位是在工作地定义了职工与国家关系，那么新村则在居住地定义了居民与政府的关系。

小结

本章回顾了 1949 年以前的上海房地产市场和城市基层社会组织，通过与公房制度和居委会制度的比较，揭示出工人新村作为一种经济制度（公房体系）、一种基层组织（居民委员会）对于上海城市改造和确立“工人—单位—国家”三者关系所起到的关键作用。工人新村不仅是一种居住类型，一种空间实践，它还可以理解为一种生产制度、治理手段和生活方式。新村研究既要考察住房建造数量和质量的变化，更要深入到制度层面，分析新村的产生（投资、建造、分配、管理）和新村生活的组织（居委会制度）如何参与上海社会主义改造与建设的进程。历史经验告诉我们：即便在剧烈的社会变革期，新旧两种制度往往是断裂与延续并存。

中篇

工人新村的空间与社会建构

从 1952 年至 1990 年代

第三章　曹杨新村——上海社会主义空间样本

中西方的城市发展史都证明，政治、经济和社会的变革往往带来新的城市理论和规划思想，旧秩序的崩溃必然要寻求新的社会和空间组织方式。1949—1978年中国城市的改造也是如此，期间独特的城市规划理论和实践得到不少学者的关注。早在1966年，美国学者康（C. Kang）通过研究中国城市住宅问题发现，“在苏联和东欧等社会主义国家出现的快速工业化与城市住房短缺的矛盾在1950年至1960年代中国主要的大城市中更加突出”，尤其是1949年后政府对私人房地产业的取缔和大量流入城市工业部门的农村人口不断加剧城市住房的紧张。[1] 华盛顿大学的陈金永教授（Kam Wing Chan）通过对1949年后中国城市化进程的梳理，认为“高速工业化与低城市化率并存”的独特现象只能从“生产先于消费”“消灭城乡差别”等社会主义城市理论出发才能解释。[2] 香港学者薛凤旋在比较苏联与中国的社会主义城市理论后也认为，1949—1978年的中国城市在城市化、土地利用、城市经济和城市建设与管理方面“很明显采纳了苏联及东欧国家的理论和实践”，形成与苏联经验极为相似的城市规划原则。[3] 吕俊华等则把30年中国城市的发展

1. Kang，1966：382–396
2. Chan，1992：41–64
3. 这些原则包括发展理念和空间结构两方面内容。发展理念的原则有：城市主要功能是工业生产，行政及中地功能为次，尽量压制消费功能；以大量非自愿性的人口迁移（特别是由特大城市迁移至新建中小城市及农村）来控制特大城市发展，促进中小城市及西部城市开发，力求城市空间布局均衡；以户口及消费品配给制控制城市人口及其消费增长；以行政手段保障城市供给并促进城乡交流，逐步消灭“三大差别”（工农差别、城乡差别、脑体差别）。空间结构的原则有：核心地区多设置广场来体现人民当家做主的社会主义新精神；市中心行政功能突出，商务中心功能衰落；城市采用组团布局，之间以绿带隔开；住宅采用自给自足的邻里概念，布局接近工作单位，特别是在近远郊新建的工业区；交通工具以公共汽车和自行车为主。（薛凤旋，2002：723–730）

划分为“经济恢复与‘一五’计划（1949—1957年）”“‘大跃进’与调整（1958—1965年）”和“‘文化大革命’（1966—1978年）”三个阶段，并指出“计划经济、重工优先和城乡二元结构的形成”“‘大跃进’和人民公社”以及“发展重心向内地转移、反城市策略”分别代表这三个阶段中国社会主义城市的理论探索和实践活动。[1]

已有研究大致勾勒出社会主义中国城市规划理论的基本轮廓，然而，这些理论对于解释1949—1978年上海的空间实践依然存在距离。从本章开始，我以1949年后上海建成的第一个工人新村——曹杨新村为研究对象，进一步追问：社会主义城市理论是如何在住宅建设层面被实践、被修正的？这种空间实践与1949年前上海的城市空间是如何并置与衔接的？工人新村又创造了怎样的新空间和新的生活方式？如果1950年代以来上海的社会主义改造是一场深刻的变革，那么它在居民的日常生活空间中必定会留下持久的印记——通过新村选址、街区空间、户型设计和公共服务设施配套建设等方面全面体现新政府的政治抱负。

选择曹杨新村出于三个理由：首先，曹杨新村自1952年建村时的有1002户居民的小区发展到1990年代拥有3.2万户、10万居民的大型居住区，见证了社会主义各时期上海城市空间与社会变革的全过程。作为劳动模范和先进工作者的家园，曹杨新村幸免于多次城市改造，2004年还被列为上海市优秀历史建筑，至今大部分第一代新村工人仍然居住于此——它是半个多世纪以来上海城市发展的活化石。其次，作为上海第一个工人新村，曹杨新村在规划选址、土地征用、公建配套、房型设计等方面的经验对后来的工人新村建设具有重要的示范作用，它成为理解整个工人新村计划的一把钥匙。最后，鉴于曹杨新村的特殊意义，市、区政府和街道办事处保留了一定数量的历史档案，为调查提供了重要的线索，这对于社会主义城市研究具有独一无二的价值。

1. 吕俊华等，2003：105-188

1. 选址

曹杨新村始建于 1951 年，第一期（曹杨一村）选址于普陀区西侧、苏州河北岸的一片开阔农地。这里属于沪西工业区外围的待城市化地区，距离上海市区 8.4 公里。新村与市区之间被苏州河、沪杭铁路、真西支线和中山环路相隔（图 3–1）。1953 年，围绕着一村的曹杨二、三、四、五、六村陆续建成；1958 年曹杨七、八村竣工；到 1978 年九村建成之际，曹杨新村已形成有九个小区、占地 158 公顷、容纳 7 万居民的工人居住区（图 3–2）。

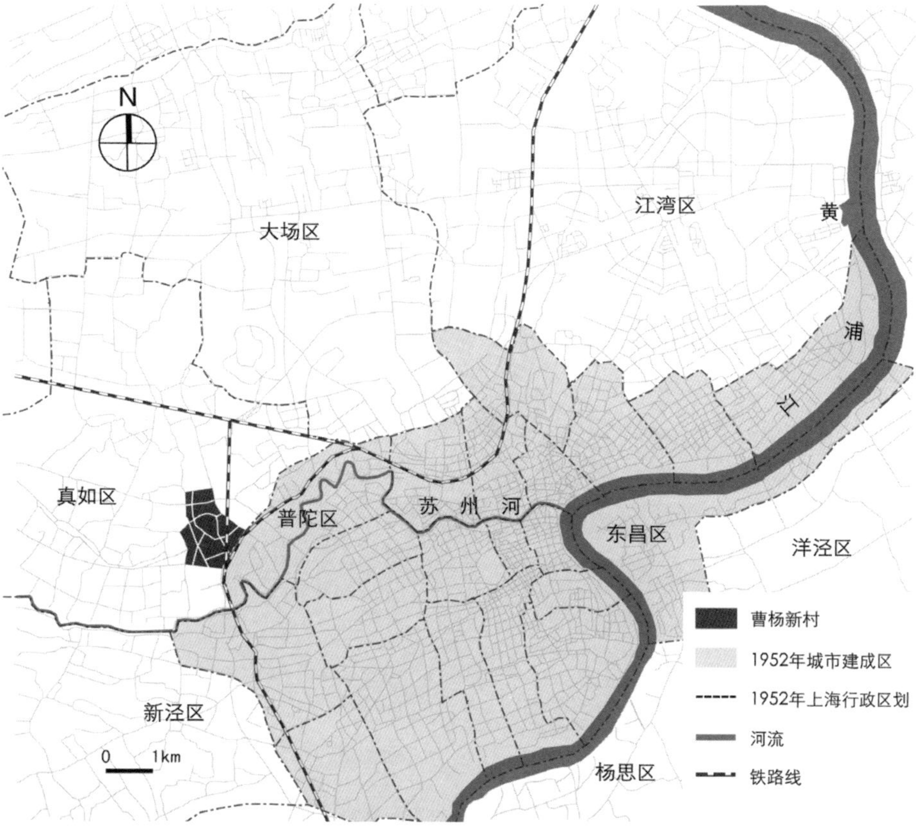

图 3–1　曹杨新村区位图（1952 年）
来源：翟丽王芝、贾姗姗绘制

1. 托儿所和幼儿园
2. 小学
3. 中学
4. 商业学校
5. 社区服务社
6. 商店
7. 露天市场
8. 修理中心
9. 商业中心
10. 公共澡堂
11. 旅馆、饭店
12. 医院
13. 小区诊所
14. 文化馆
15. 剧场
16. 警察局
17. 居委会
18. 维修工程处
19. 房管处
20. 绿化处
21. 停车场
22. 消防队
23. 苗圃
24. 污水处理厂
25. 染料厂
26. 服装加工厂
27. 量具厂
28. 秒表厂
29. 仓库
30. 扩展区域
31. 游泳池
32. 预制构件厂
33. 公园
34. 蔬菜公司运输站

图 3–2 曹杨新村总平面图（1980 年代）

来源：诸欣亦，据 Hoa，1981：212 绘制

作为全市乃至全国第一个工人新村，曹杨新村的选址是“全面而谨慎的”：市政府专门成立一个专家小组负责选址工作。在经过“两个月密集的实地踏勘和讨论”之后，最终在五个备选基地里选择了现在的曹杨新村所在地。[1]在选址报告中，专家们认为作为工人住宅基地，曹杨地区具有几个突出的优势：“这里地势平坦、足够开阔，可以满足未来大规模的新村建设”“苏州河支流从此通过，基地被多条河浜环绕，环境优美”，最重要的是，“新村的位置远离市区却靠近沪西工业区，疏解市区人口的同时，又可以方便工人上下班。”[2]

然而，这样的选址却受到1955年访华的波兰专家的批评，他们认为“工人新村选址过于分散，靠近工业区而远离市区使得城市的公共福利设备不能充分利用，增加了建设投资。”[3]这一问题在新村建设初期尤为凸显：整个1950年代，受经济条件限制，曹杨新村的公共服务设施建设相对滞后。以曹杨一村为例，第一批1952年入住的居民基本要等到五年后（即1957年），新村的基本生活设施（如菜场、托儿所、小学、医院、邮局）才陆续建成。因为缺少菜场和副食品商店，早期的新村居民不得不向附近的农民直接购买肉类和蔬菜。老居民们对当时的生活至今记忆犹新：

我是12岁的时候（1952年）来到曹杨一村的。那时候四周什么也没有，到处是坟堆，荒草一人多高，小孩跑进去就找不到了。路只有一条（枫桥路），也没有路灯。那时的曹杨新村真是荒啊，太阳下山以后四周全是黑的，我们小孩子们都不敢出去……尤其是我们家搬来之前住在中山公园，靠近圣约翰大学[4]，弄堂里很是热闹，什么都有，小孩穿来穿去，很开心。搬过来开始很不习惯，直到后来周围其他村和曹杨商场等设施慢慢建起来，才算有了人气。（CY018）[5]

---

1. 《上海城市规划志》编纂委员会，1999：526
2. 《上海住宅建设志》编纂委员会，1998：144
3. 1955年波兰建筑师代表团来上海访问时，在座谈会上指出，“关于居住区应靠近工业区或市区的问题，我想靠近市区比靠近工业区要好，因为靠近工业区，可能有大部分居民同附近的工厂不发生关系，他们的子女有可能在别的地点学习或工作，仍会感觉不便。同时这些住宅靠近工业区，反而使城市的公共福利设备不能充分利用。”苏联城市建设的经验证明：设计人员在工业发达的各城市中的最重要任务之一，就是正确选择居住的地面（用地），不要使它们脱离工业，同时还要使它们与城市发生有机的联系。目前曹杨新村的主要缺点，就是与市中心区联系较差。（汪定曾，1956：1–15）
4. 圣约翰大学（Saint John's University）是19世纪末到20世纪初中叶，美国圣公会在上海的苏州河畔（今华东政法大学所在地）创办的一所全英文授课的高等学府，1952年解散。
5. “CY×××”表示访谈录音编号，参见第183页附录A。

如何解释“全面而谨慎的选址”却带来了波兰专家的批评与实际生活的不便？答案仍然要回到1950年代上海的社会背景，把工人新村的建设放到“先生产后生活”“培育新生活”的城市政策中去理解。

“先生产后生活”

1949年后的上海重建急需工业支持。在苏联专家的指导下，城市的工业发展计划没有选择新辟工业区，而是“在沪西、沪东、沪南三个现存工业区的基础上，继续扩大生产规模”。[1]扩大生产首先要满足工人的住房需求。考虑到现有工人大多住在出租房中（此时房地产业的社会主义改造尚未开始），从市区私房的存量改造中获得工人住房的可能性不大。那么，在远离市区的边缘地带另辟工人新村就成了必然的选择。尽管这样的新村“分散布置在郊区，造成了交通、福利和公共设施更多的额外投资，推迟了市区的改建工作”[2]。到1958年底，通过国家统建和企事业单位自建结合，全市在城市边缘建成住宅468万平方米，住宅新村201个，有70多万职工和家属搬进了新居。[3]在新华社的报道中，上海的“工人新村正在把大上海包围起来”（图3-3）。

在相对偏远的工业区进行新村实验，可以让新村工人在空间分布上有别于市区居民，也更加靠近生产地点。一些新工厂甚至在选址初期就已经把生活区作为厂区规划的一个部分。从选址角度看，新村与其说是一个独立的住宅计划，不如说是配合工业区发展的一种“服务配套设施”。

以曹杨新村所在的普陀区为例，全区的新村建设显然围绕着沪西工业区的发展分步推进——这种相关性既体现在各个时期工厂数量/规模和工人新村数量/规模的同步增长（表3-1），也体现在两者在空间布局上的互相渗透。特别是1952—1960年，工业化进程最为激烈时期也是工人新村快速建设的时期。工业区拓展、工人住宅增加、行政边界扩大成为1990年代前普陀区城市改造与建设最显著的三个空间特征（图3-4）。

1. 《上海城市规划志》编纂委员会，1999：91-92
2. 汪定曾，1956：1-15
3. 《上海住宅建设志》编纂委员会，1998：151

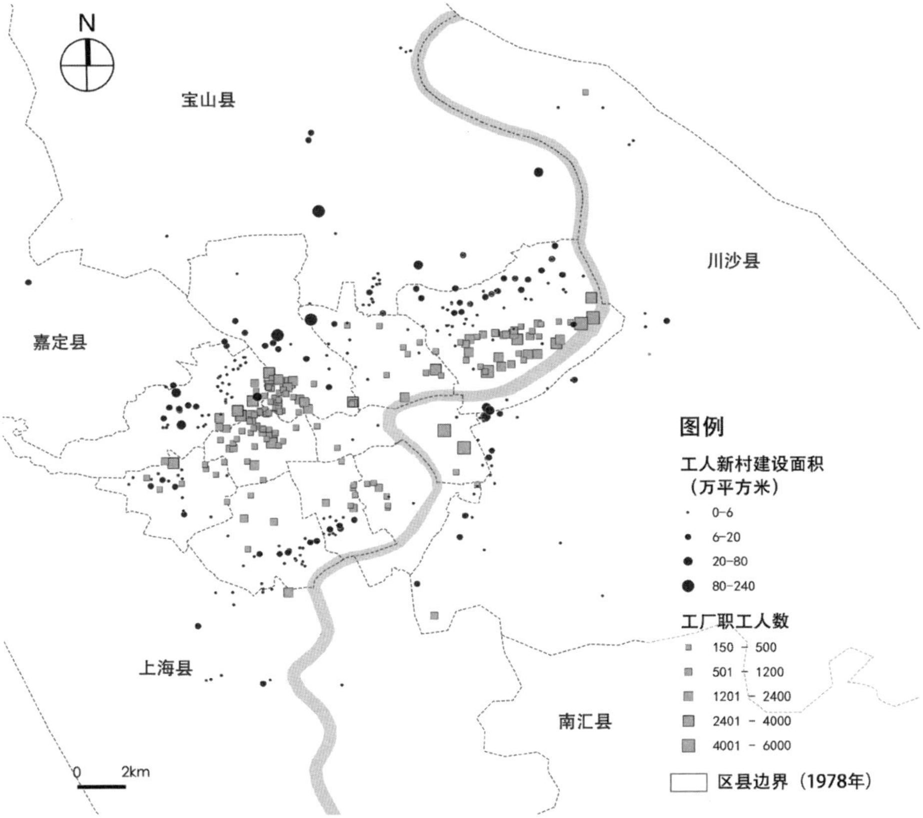

图 3–3　上海工人新村与工厂的分布及规模（1978 年）
来源：翟丽王芝、谢琛，据《上海住宅建设志》编纂委员会，1998：333–360 绘制

表3–1　普陀区工厂和工人新村的增长情况（1949—1990年）

年份	新增工厂数（家）	新增职工数（万人）	新建工人新村数（个）	新村户数（万户）	普陀区增加面积（平方公里）
1949—1951 年	40	—	—	—	4.11
1952—1957 年	180	10	6	7.34	4.76
1958—1960 年	71	4.08	5	3.02	7.10
1961—1978 年	—	—	—	—	—
1979—1990 年	25	1.42	5	5.14	11.26

来源：《上海市普陀区志》编纂委员会，1994：414–415，609–612

1949 年以前

绝大部分工厂在苏州河以南，个别在北岸的工厂也不会越过淞沪铁路和中山环路形成的沪西工业区边界。在此边界外，是农田、河道以及自然村落。

沪西工业区第一次扩张（1949—1951 年）

沪西工业区的范围得到极大的拓展，跨越了淞沪铁路和中山环路。普陀区的行政边界也同时扩大。

第一代工人新村（1952—1957 年）

围绕沪西工业区的第一次扩张，普陀区兴建六个工人新村。同时，180 个新工厂继续向西扩张，也导致了普陀区行政边界的第二次扩大。

1. 曹杨新村
2. 铁路新村和棉纺新村
3. 甘泉新村
4. 宜川新村
5. 永定新村
6. 金沙新村

北新泾工业区（1958 年至 1960 年代）

北新泾工业区及 4 个工人新村建成。

7. 师大新村
8. 光新新村
9. 武宁新村
10. 桃浦新村

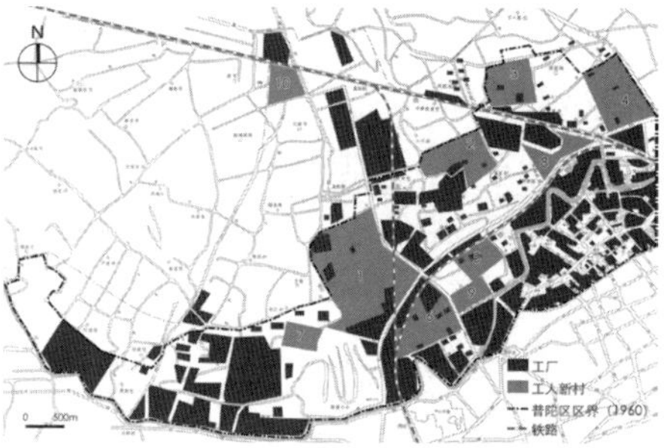

桃浦工业区（1978—1990 年）

桃浦工业区的发展带动了普陀区西北方位 5 个工人新村的建设。

11. 沪太新村
12. 管弄新村
13. 长风新村
14. 怒江新村和桂巷新村
15. 真如新村

图 3–4　普陀区工业发展和新村建设（1949—1990 年）
来源：诸欣亦、辛蕾，据《上海市普陀区志》编纂委员会，1994：23 绘制

生活地点与工作地点的靠近，在方便了新村工人上下班通勤的同时，也模糊了工作与休息、集体生产与个人生活空间之间的界限。在曹杨新村，1958 年开通的 3 条公共汽车线路主要联系新村与工业区，而非市区。随着幼托、商店、医院等生活服务设施逐渐完善，居民们不用出村就可以解决日常生活的基本需求。但休闲娱乐场所非常少见，1949 年前沪西工人经常光顾的茶楼、酒馆在新村也没有，“商店关门也很早”，唯一的文化馆“主要用来组织工人家属的政治学习”（CY039）。据第一代居民回忆：“那时候大家下班都很晚的，没什么 8 小时上下班的概念，碰到忙的时候，我们就住在厂里，几天都不回家……即使在家，晚饭后还是习惯去车间转转，离厂子近嘛，再说待家里没什么事做”（CY012）。“先生产后生活”“以厂为家”“舍小家为大家”的生活方式在工人新村中十分普遍。

远离旧市区的“新世界”

在城市边缘临近工厂建造工人新村，除了方便职工上下班之外，还有重建基层社会的考虑。在 1958 年实行城市户籍制度以前，上海城市的人员流动十分频繁，[1] 政府在划定基层社会各种政治空间范围和人员阶级成分方面遇到了相当的困难。尤其是在一些工人集中的旧居住区，多次大规模的人口迁徙注入了许多不确定因

1. 根据上海市政府的调查，“从 1950 年至 1955 年，有 263 万余人迁入上海，迁出人口 231 万余”。这意味着，在 1950 年代初，一半的上海居民处于流动的状态。（张济顺，2004：178–188）

素（例如地方帮派势力），一次次改变着旧区原有的阶级结构和社会生态。[1] 对政府来说，改造一个人口构成异常复杂的旧棚户区，远比建立一个新社区困难得多。越是空白的土地，建设者越是能根据自己的意志，建造理想新村，选择理想的居民，树立新的生活规范——这为“新村主义”理想的实现创造了良好的条件。

有趣的是，通过比较 1949 年上海棚户区的分布（图 3–5）与 1978 年工人新村与工厂的分布（图 3–3）可以发现，相对于社会政治经济制度的剧烈变化，城市却仍大致维持旧上海“中心—边缘”的空间形态和社会空间结构：几乎所有的市级党政机构都集中在原有的租界地区，市人大常委、市人民政府、中共上海市委四

图 3–5　上海棚户区分布（1949 年）
来源：上海社科院经济所，1962：8–9

1. “普陀区南英华里原始日商内外棉纱厂的工房，是工人的聚居之地。抗日战争时期从闸北逃来一批人，情况就日渐复杂，4 个恶霸为首的苏北帮、山东帮、安徽帮、河南帮经常争斗，镇反时共逮捕 51 人，枪毙主要骨干 5 人，尚需处理的还有 46 人。另一些本已杂乱的下层居住区，随着 1950 年代早期人口流动加剧，各种社会势力的此消彼长愈益增强。”另一份关于八仙桥地区里弄的调查发现：“该弄共住 839 户……人口流动性很大，每天报进报出的约有 20 人左右……社会情况复杂，黄金荣的徒弟不少，已处理的各类罪犯 56 名外，尚有贩毒犯 2 名，流氓 17 名，小偷 2 名，私娼、地下舞女 8 名，黑律师 1 名。弄内的新生活旅馆转为嫖客服务，阿飞在弄内为非作歹，赌风窃风都很盛。”（上海市档案馆档案，A6-2-64）

图 3–6　曹杨新村规划总图（1951 年版）
来源：汪定曾，1956：3

分之三的市局机关都设置黄浦区内；[1] 而代表着工人阶级翻身做主的新村被置于城市边缘，填补着原有棚户区之间的空白区域。经过了 30 年的工房建设，原有的租界地区与四周华界、贫民区域之间“中心—边缘”的关系非但没有改变，在某种程度上还得到强化。陈映芳指出，城市形态的改变，不可避免地相对滞后于政治经济的变迁。有时候国家政治、经济条件都发生了重大变化，但城市原有的地理关系并没有被迅速地改造。也就是说，城市环境的生产原则可以较快地改变，但空间关系的变化速度则要慢得多。[2] 1949 年后上海原有城市空间结构以旧有的面貌或变异的式样继续存在于新的社会体制中。

1. 陈映芳，2012：116
2. 陈映芳，2012：113–142

2. 住区规划

“如画的风景”

如果说里弄住宅是基于商品社会的理性设计，那么新村规划更像是理想主义下“如画的风景”（picturesque）。从第一版规划总图（图 3-6）看，整个曹杨新村布局舒展，9 个居住小区之间以自然河道、公园和大片绿地相隔，环境优美。一排排的工人住宅或顺道路或依水体，商业街、学校、食堂、医院等公共设施穿插在各组团之间，和树林、小溪、蜿蜒小径一同构成了如画的风景（图 3-7）。与里弄住宅严谨、规律、些许拥挤的生活空间完全不同，新村住宅之间有非常开阔的空地，一条入户的石子路自然地将其分为南向花园和北向内院，家家户户养花种菜，每片组团还设有集中空地供居民纳凉、聊天（图 3-8 和图 3-9）。所有这些空间特征都显示出新村设计并不遵循“土地开发利益最大化”的商业逻辑，而是要通过理想化的“花园新村”为社会主义工人阶级创造新的生活空间。

图 3-7　曹杨新村鸟瞰（1957 年）
来源：中国人民对外文化协会上海市分会，1957

图 3–8　曹杨新村村内院落（1950 年代）
来源：张梁等，2016：185

图 3–9　曹杨新村居民纳凉场景（1952 年）
来源：俞创硕等，1952

等级化的空间结构

花园新村不仅有如画的风景，也有其内在的逻辑——空间结构的等级化。这种等级化的空间逻辑并非出现在新村建成之时，而是在新村规划从“邻里单位”向“居住区”转变过程中逐渐形成的。

“邻里单位”（Neighbourhood Unit）的概念出自1920年代美国社会学家克拉伦斯·佩里（Clarence Perry）的作品（图3–10）。他建议将城市细分为“邻里”并为每个邻里配置本地自有的社区设施（如便利店、社区公园、教堂和小学），这些设施都坐落在邻里中心步行范围内，并作为居民的社会活动中心。这样，每个邻里单位都可以实现相对的自我供给，更像一个传统的乡村。这一设计思想在1930年代影响到了上海，例如1934年的《建筑月刊》中已经出现了对“邻里单位”的系统介绍（图3–11）。

1950年代初，城市规划和建筑设计的国家体制尚未建立，上海的新村规划主要依靠有留学背景的建筑师和工程师。[1] 曹杨新村设计师汪定曾先生承认，新村规划采用了当时国际建筑界流行的“邻里单位”的方法。[2] 虽然曹杨新村设计在居住区内部组织、与自然环境结合方面都相当成功，但“一五”期间，“邻里单位”仍然被当作资本主义城市规划思想受到批判。[3] 取而代之的是来自苏联的“居住区”规划思想——它被认为是社会主义意识形态在城市空

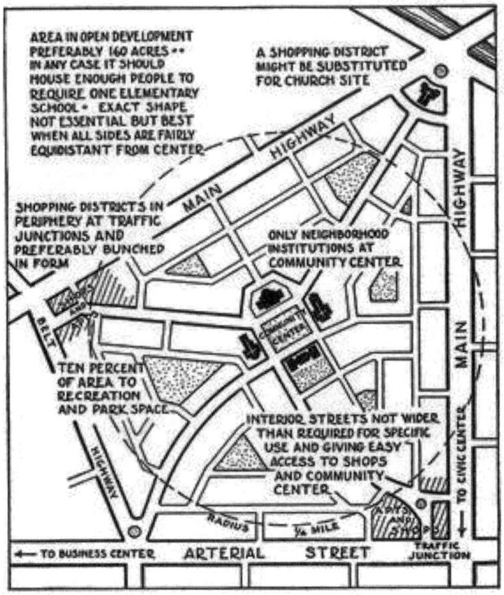

图3–10 “邻里单位”图解

1. 华揽洪，2006：28–29
2. “曹杨新村的总体规划不能否认是带有邻里单位思想的。”（汪定曾，1956：1–15）
3. “在住宅的总体布局上，资本主义国家采取邻里单位的制度，苏联和人民民主国家采用大街坊制度……这两者主要的不同点在于后者是把城市作为一个整体来考虑的，每一个街坊是城市有机部分；而前者则和整个城市没有关系，这真是制度不同的反映。”（杨廷宝，1955：69）

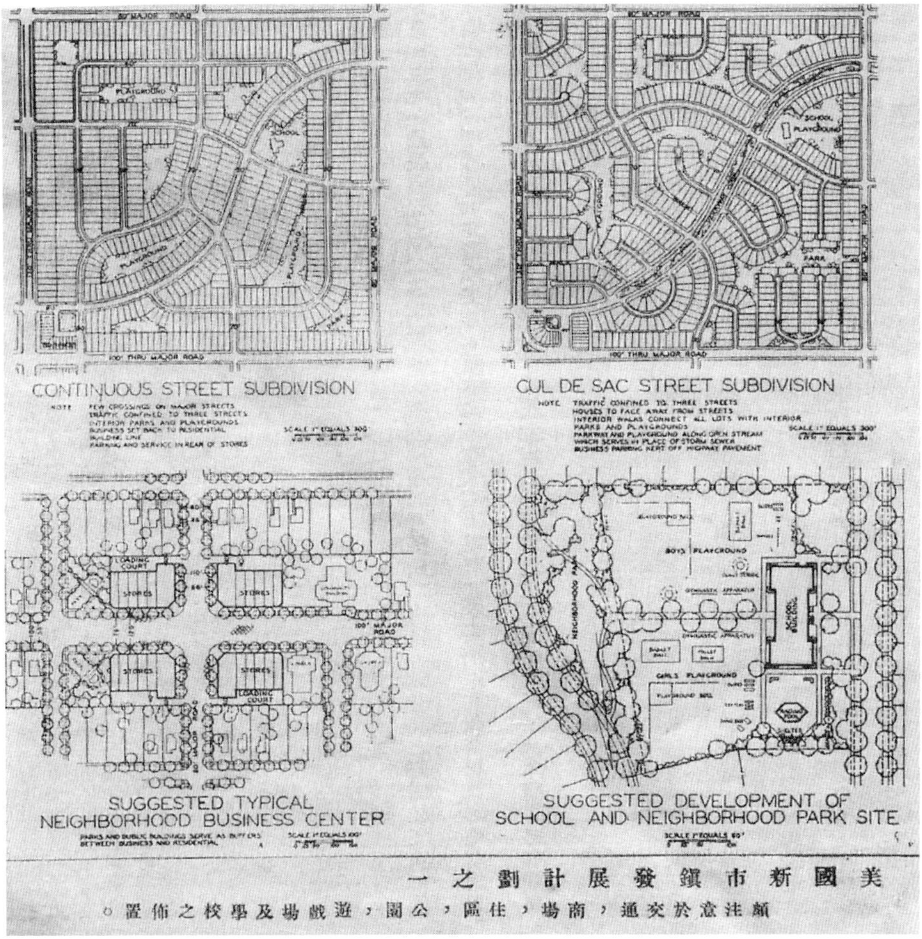

图 3–11　《建筑月刊》书影（1934 年第 2 期第 21 页）

间结构上的体现："社会主义大城市中，应按照'区'来组织人民的社会政治生活，配置相应的社会文化教育和生活供应等方面的完整服务系统。这种行政分区于建筑与城市规划上的体现，就是大城市结构中的居住区。"[1] 根据苏联专家的指导意见，"居住区"与"邻里单位"不同，"区"及其相应的"社会文化教育和生活供应"是要为人民的"社会政治生活"服务的。换句话说，城市居民的日常生活空间应当与国家政治生活相适应。这种关系在工人新村中的体现就是"与基层行政组织相匹配的空间结构的等级化"。

所谓的基层行政组织，指的是城市各区下设街道和居委会。各区的基层管理工作由区政府的派出机构——街道办事处负责，具体实施由群众自治组织——居民委员会负责。随着 1949—1957 年经济恢复和"一五"计划的实施，上海的"街道—居委会"基层社会组织经过多次的尝试也逐步的建立起来，[2] 形成"条块结合"的制度设计："条"是指在居民工作层面上分为治保、卫生、调解、民政、计生、文教各项内容；"块"是指在不同的空间层次上设置相关负责人，例如街道主任（居住区）、居委会主任（小区）、分区块长（街坊）、楼组长（组团）等。基层制度的空间化使得居住区里的任何个人和事件都可以在空间上和组织上找到相关负责人，大大提高了管理的效率。

空间结构的等级化是指新村在空间结构上，根据人口和用地规模，划分为居住区、居住小区、街坊和居住组团若干等级，每个等级都有相应的公共服务设施的配套标准（表 3-2 和表 3-3）。

在工人新村的实际建造过程中，规划师们十分注意这种空间等级和行政等级的对应关系，新村规划设计逐渐从单纯的技术操作过渡为一种含有"制度安排和行政组织"的实施手段。建筑师王硕克认为："作为居住区组成单位的居住小区，其规模相当于里弄委员会的范围，可设置一套能满足居民日常生活需要的公共建筑。小区的规划结构可分为小区和基本生活单元二级，再由若干个居住小区组成居住区。为了便于管理和组织生活，小区规划布局应与居民街道组织体制

1. 托聂夫，1958：23-30
2. 关于上海街道办事处与居民委员会等基层行政组织形成过程，散见于诸多著作，如：王邦佐，2003；朱国民，2006：171-184。

表 3–2　居住空间规模的等级化

居住规模	居住区	居住小区	居住组团
用地（公顷）	30 ～ 60	15 ～ 20	3 ～ 5
户数（户）	10 000 ～ 15 000	2000 ～ 4000	300 ～ 700
人口（人）	30 000 ～ 50 000	7000 ～ 15 000	1000 ～ 3000

来源：邓述平等，1996：1

表 3–3　公共服务设施规模的等级化　　单位：平方米 / 千人

公共服务设施控制指标 *	建筑面积	用地面积	建筑面积	用地面积	建筑面积	用地面积
教育	600 ～ 1200	1000 ～ 2400	600 ～ 1200	1000 ～ 2400	160 ～ 400	300 ～ 500
医疗卫生	60 ～ 80	100 ～ 190	20 ～ 80	40 ～ 190	6 ～ 20	12 ～ 40
文体	100 ～ 200	200 ～ 600	20 ～ 30	40 ～ 60	18 ～ 24	40 ～ 60
商业服务	700 ～ 910	600 ～ 940	450 ～ 570	100 ～ 600	150 ～ 370	100 ～ 400
金融邮电	20 ～ 30	25 ～ 50	16 ～ 22	22 ～ 34	—	—
市政公用	40 ～ 130	70 ～ 300	30 ～ 120	50 ～ 80	9 ～ 10	20 ～ 30
行政管理	85 ～ 150	70 ～ 200	40 ～ 80	30 ～ 100	20 ～ 30	30 ～ 40

来源：邓述平等，1996：56

* 公共设施的配套标准是由“千人指标”来衡量，即每千人应该享有的公共服务水平（以面积作为标准），不同规模的工人新村可以根据居民人数来确定相应的公共服务等级。

相适应。”[1] 汪定曾、徐荣春则认为，随着 1957 年的 8 个村相继建成，曹杨新村已经形成一个完整的“居住区”。[2] 整个新村（大住宅区）在空间规划结构上分为 8 个村（小区），每个小区由若干街坊群构成，街坊里还有若干居住组合，与之相对应的基层行政组织为四级（图 3–12）：

a)大住宅区（卫星镇或人民公社分社）—街道委员会（63 400 人）；

b)小区—区委会（8000 ～ 10 000 人）；

1. 王硕克，1962：8–11

2. 汪定曾等，1962：6–13

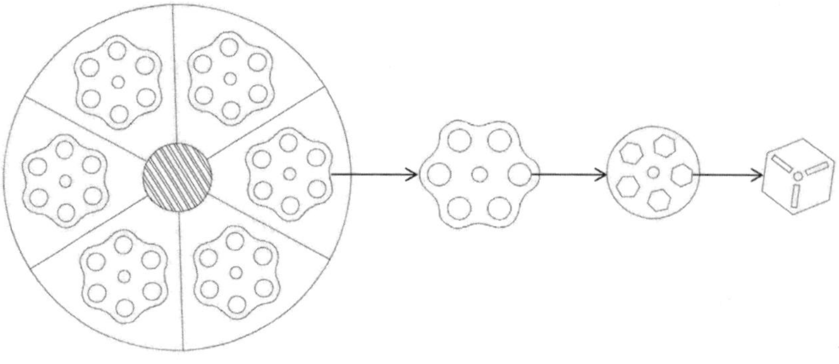

（a）大住宅区—街道委员会，中央圆圈示住宅区中心；（b）小区—居委会，中央圆圈示小区中心；（c）街坊群或建筑群—工区，中央圆圈示服务站代销店；（d）居住组团—小组。

图 3–12　曹杨新村住宅区规划结构示意图
来源：罗旋，据汪定曾等，1962：6 绘制

c)街坊群或建筑群—工区（2000 ～ 3000 人）；

d)居住组团—小组（300 ～ 500 人，组长一般为读报员或楼长）。

从邻里单位到居住区，新村空间与基层社会管理的边界和等级逐渐清晰，日常生活的行政化逐渐加强。在这一过程中，新村空间结构的等级化和基层行政分区在时间上是同步的，内容上互为参照，本质上都是国家对基层生活秩序的强调——这种关联性构成 1950 年代以工人新村为代表的新中国城市住区规划最具特色之处。有趣的是，“与空间结构建立关联”并不只是住区规划的个别现象，在同时期的城市户籍管理、税务征稽制度中都可以看到这种等级化的组织方式，[1] 甚至在职务工资制度中也有所反映。[2] 只要从国家的视角制定一个城市综合规划，那么统一性和严密

1. 1950 年代上海公安户籍管理以“段”为单位。每个户籍段配备一名户籍民警；税务部门也设计了一套按照“小组—大组—段—片”的等级空间单位进行税收征稽的工作方法。具体做法是根据每个区分成“征税片”。在每一片中，每 15 个邻近的公司形成一个“纳税小组”，5 到 7 个小组形成一个“纳税大组”，2 到 4 个大组形成一个“纳税段”。这样，所有的公司都包含在新体制中了。隐匿资产和收入情况因此变得更为困难。（朱文铁，2009：74–82）
2. 杨奎松，2007：111–137

组织的逻辑就无可避免。[1] 作为 1950 年代的一种居住制度，新村空间结构和基层行政区划的关联还具有行政组织学上的意义："在一个封闭的系统内，中央的协调计划才能有效地发挥作用。人口、社会和空间越是静止，越是标准化和统一，边界也就越清晰，越没有意外，也就越容易适应于官方的观察和管理技术。"[2]

集体主义生活

规划师们相信，新村特征化的物理空间可以培育出集体主义的生活方式。[3]

首先，选址在城市边缘使得新村居民难以使用市区的公共设施，而主要依靠新村内部的服务设施。从托儿所到中学，从小卖部到职工医院，新村为工人们提供了所有日常生活的基本服务。

其次，受到经济条件限制，工人住宅中的私人空间一直受到严格限制（人均居住面积低于 4 平方米），而公共空间却相对充足：宽敞的前院后院、入口家务院、集会广场、公园、文化馆等等，大量的家庭活动在室外空间展开：洗衣服、晒被子、缝纫、做饭。天热的时候，个别住房拥挤的家庭连吃饭、睡觉都习惯到院子里或在路边（图 3-13 和图 3-15）。狭小的私人空间和相对完善的公共设施促进了"日常生活集体化"[4] 的趋势。这种集体生活在 1960 年代的人民公社时期达到高潮，工人新村内部出现了托儿所、公共食堂和街道工厂[5]（图 3-14），国家建设部也号召城市住区完成"家务劳动社会化、日常生活集体化、义务教育统一化、清洁卫生常态化、公共绿地规范化"的五个转变。[6] 工人新村开始动员退休工人和家庭妇女走出家庭，为新村工人集体生活服务：有文化的老工人、老党员负责组织读书

1. 斯考特，2004：100–110
2. Chisholm，1989：10
3. 在生活方面尽可能满足居民对户外游憩或家务活动等的需要。首先居住方式是一个集体的方式，院落的处理也是按公用原则来办的，因此除了保证最低限度的房间日照要求以外，在院落（家务院）大小上更根据它的公用性适当考虑到能够系统地安排各种游憩家务活动场地条件。（华揽洪，1957：16–33）
4. 这与 19 世纪初，空想社会主义者欧文和傅立叶提出理想社区的基本原则有相似之处。他们认为"标准化的空间形式"可以促进集体化的生活，这一原则也被斯大林时代的苏联大量采用。（Bray，2005：132，137）
5. 1958 年"大跃进"开始以后，中国城市中大量的职工家属在街道办事处和居委会的组织下，纷纷成立街道工厂和生产组，参加社会主义建设。
6. 曹洪涛，1990：76

图 3–13 曹杨一村住宅室内及家务院生活场景复原图（1950 年代）
来源：邓欣和、徐浩文绘制

图 3–14　曹杨新村托儿所和集体食堂
来源：中国人民对外文化协会上海市分会，1957

读报小组，定期向全村居民传达政府的新精神；年轻的家庭妇女被动员到街道工厂，支援国家工业生产；年长的妇女到新村公共食堂为全村人做饭；年龄再大些的妇女则组成各类洗衣组、缝纫组或保姆组负责全村居民的家务，以解决双职工家庭的后顾之忧。由于早期工人新村是不建围墙的，新村居民还自发成立巡逻队来负责全村的安全和卫生。显然，工人新村的设计策略不仅出于经济上的考虑，也具有培育集体主义的重要意义。

3. 户型设计

标准化

随着社会主义工业化的开始，苏联以标准化为特征的住宅工业化思想也被引进中国。工人新村在户型设计方面大量采用标准化单元方法。所谓的“标准化”，指户型设计不考虑居民实际生活的需要，而是根据国家当时的经济条件和工业化水平，按照标准构件和模数原则设计标准户型单元，再通过标准单元的组合变化形成设计方案。再以标准设计方案为基础形成的“标准图集”，即是城市住宅区

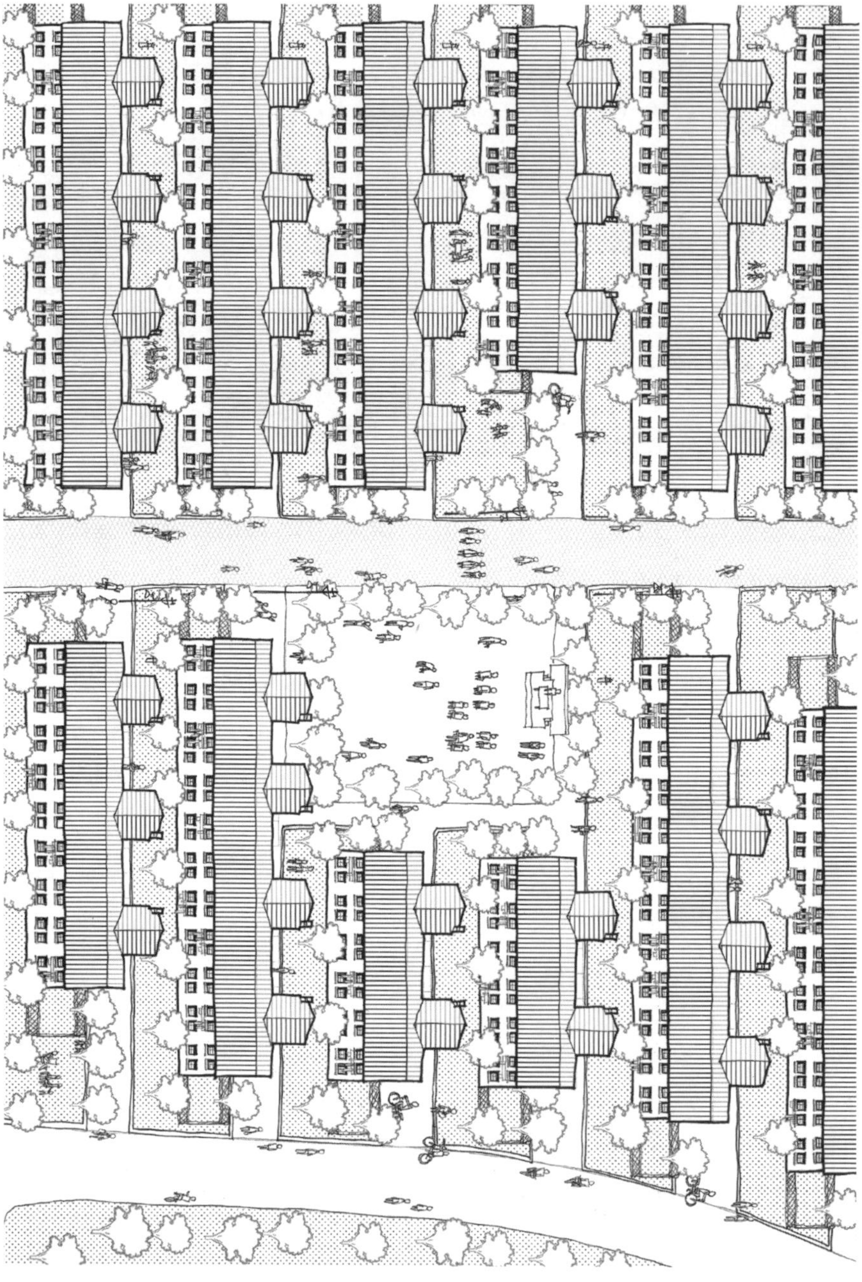

图 3–15　曹杨一村集会广场复原图（1950 年代）
来源：邓欣和、刘姿辰绘制

规划建设和构件生产的依据。

采用标准化设计的原因是多方面的。首先，标准设计是在住房建设中实施计划经济的重要保证。作为国家住宅设计依据的“定额指标体系”，通过对住宅人均面积、户均面积和造价的规定，国家可以精确地掌握经济计划中住宅投资建设的规模与产出，这对住宅建设完全由国家投资的计划经济模式来说非常重要。[1]

其次，标准化方法大大加快了建设速度，降低了造价，按时完成由快速工业化带来的大量建设任务，弥补设计施工人员极度短缺的问题。但同时，在 1950 年代住房建设低投资、低造价的时期，不断降低的住房标准使得人均居住面积较 1949 前反而呈下降趋势[2]；多户合用厨房、卫生间的情况十分普遍，建筑外观朴素，取消了一切装饰性设计（表 3–4 和图 3–16）。

差异化

标准化设计并不意味着同一时期的所有住宅都采用相同的面积标准。实际上，如果我们把新村住宅放在全市住宅建设的层面上看，不同“行政级别”的住房面积标准差距相当大（表 3–5）。这种生活资源分配的差异化是延安时期“供给制度”的某种延续，即使在战后城市地区的重建中，供给制依然发挥着重要作用。[3] 从住房面积的供给标准看，工人新村的户型面积采用了较低的等级。这印证了卢端芳的观察，“在物资贫乏的时期，社会主义中国的城市发展和空间计划与实际建设情况之间存在较大的差距”。[4] 1950 年代以来的新村计划确实改善了工人、特别是棚户区工人的居住条件，但这种改善仍然是有限的。[5]

1. 吕俊华等，2003：126
2. Kang，1966：384
3. 供给制是 1949 年的中国对部分工作人员实行免费供给生活必需品的一种分配制度。供给范围包括个人的衣、食（分大、中、小灶）、住、行、学习等必需用品和一些零用津贴，还包括在革命队伍中结婚所生育子女的生活费、保育费等。这种制度起源于战争时期中国共产党在军队中实行的供给制集体生活，带有共产主义分配制度的性质。1952 年对实行供给制的人员统一增加津贴，津贴标准按工作职务和行政等级确定。1957 年，供给制取消，但政府和事业单位中的行政等级和工厂企业的技术等级却保留下来，住房面积指标依然与这两个等级挂钩。
4. D. Lu，2006
5. 陈映芳，2012：113–142

表 3–4　上海工人新村的标准户型（1952—1970 年）

类型	建造年代	户均面积（平方米）	造价（元 / 平方米）	房型
Ⅰ	1952	32.2	74	厨卫三户合用，无浴室
Ⅱ	1953—1956	27.8	57.9	厨卫五户合用，无浴室
Ⅲ	1958—1961	16	48.5	厨卫浴室三户合用
Ⅳ	1965—1970	16.8	60 ～ 65	厨卫浴室四户合用

来源：上海市档案馆档案，A54–2–158–82；《上海住宅建设志》编纂委员会，1998：295–296

表 3–5　不同行政级别的办公与住房面积标准（1955 年）

行政级别	等级	办公面积标准（平方米）	住房面积标准（平方米）		
			人均	家属	合计
省级	8	30 ～ 35	30 ～ 50	30 ～ 45	60 ～ 95
委员会主任	11	20 ～ 30	16 ～ 28	30 ～ 40	46 ～ 68
部级	13	16 ～ 20	16 ～ 20	20 ～ 35	36 ～ 55
地方长官	16	6	14	0	14
普通公务员	—	4	5	0	5
警察	—	2	3.6	0	3.6
其他	—	0.5	3.6	0	3.6

数据来源：Wang et al.，1999：68

Ⅰ类住宅
曹杨一村“1002 户”
厨卫三户合用，无浴室
1952 年 1002 户
1960 年 501 户

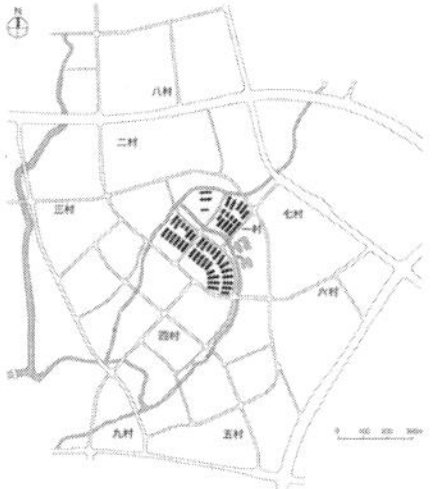

Ⅱ类住宅
“两万户”
厨卫五户合用，无浴室
1952—1956 年 4000 户

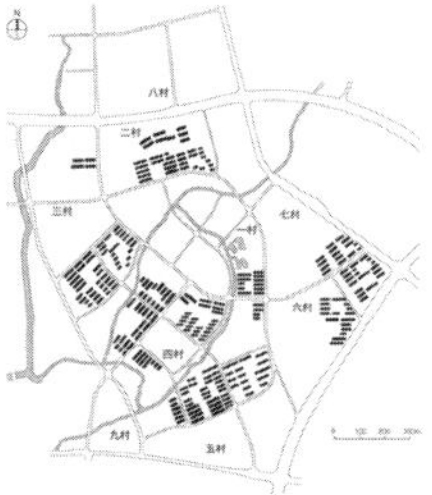

Ⅲ类住宅
“大跃进”时期
厨卫浴室三户合用
1958—1961 年 10380 户

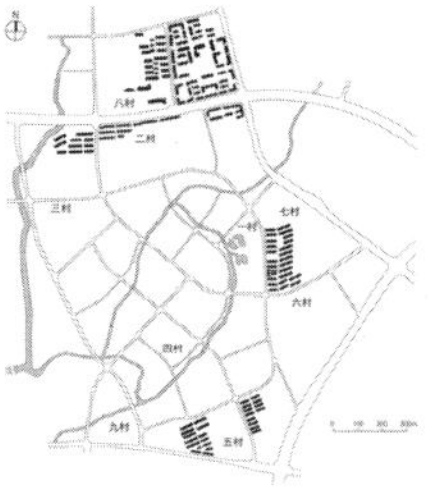

Ⅳ类住宅
“三五”计划时期
厨卫浴室四户合用
1965—1970 年 3400 户

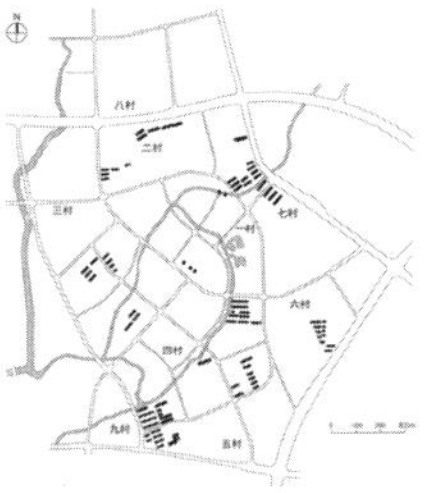

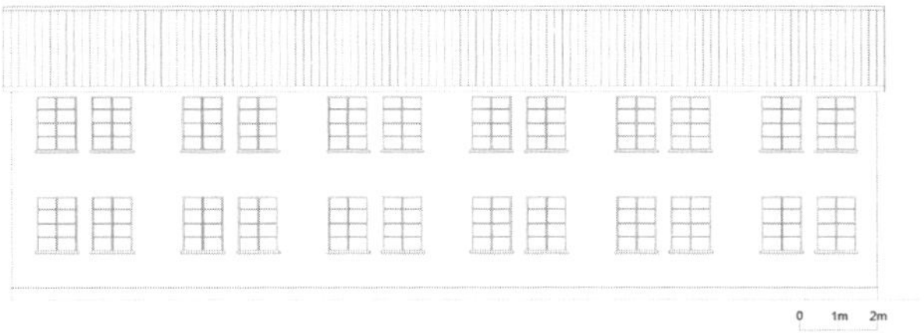

I 类住宅正立面图

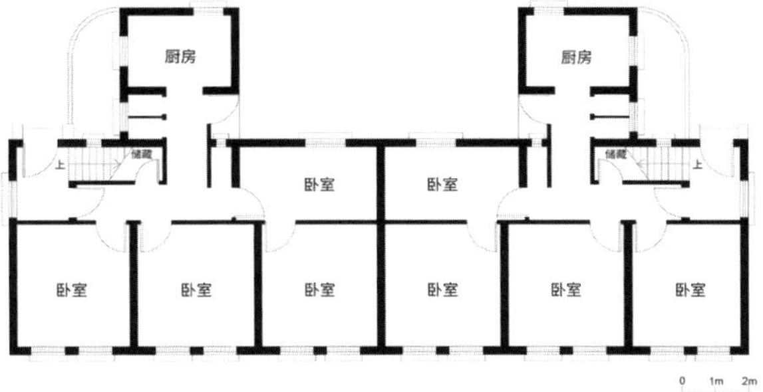

I 类住宅平面图

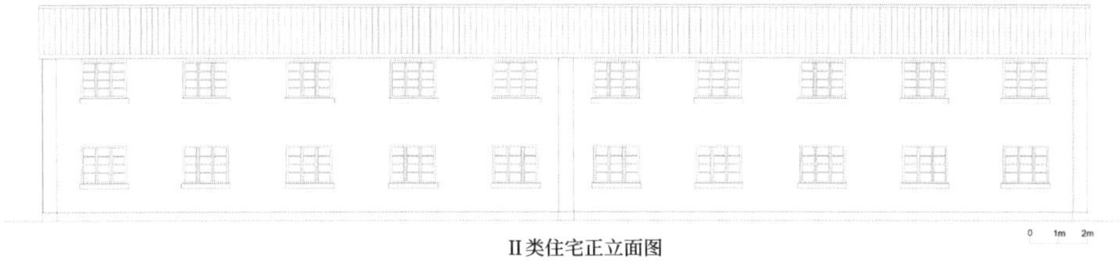

II 类住宅正立面图

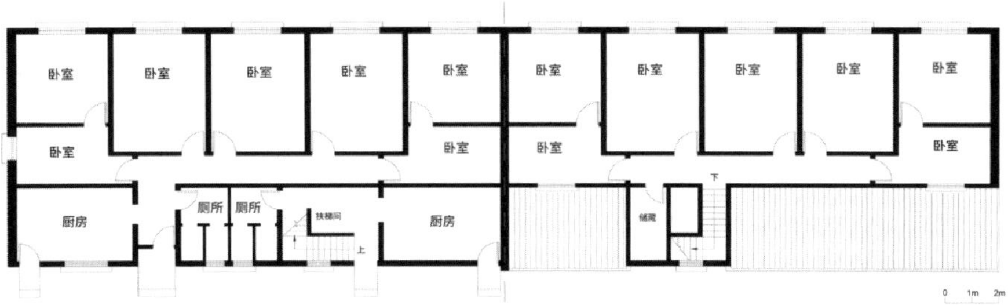

II 类住宅平面图

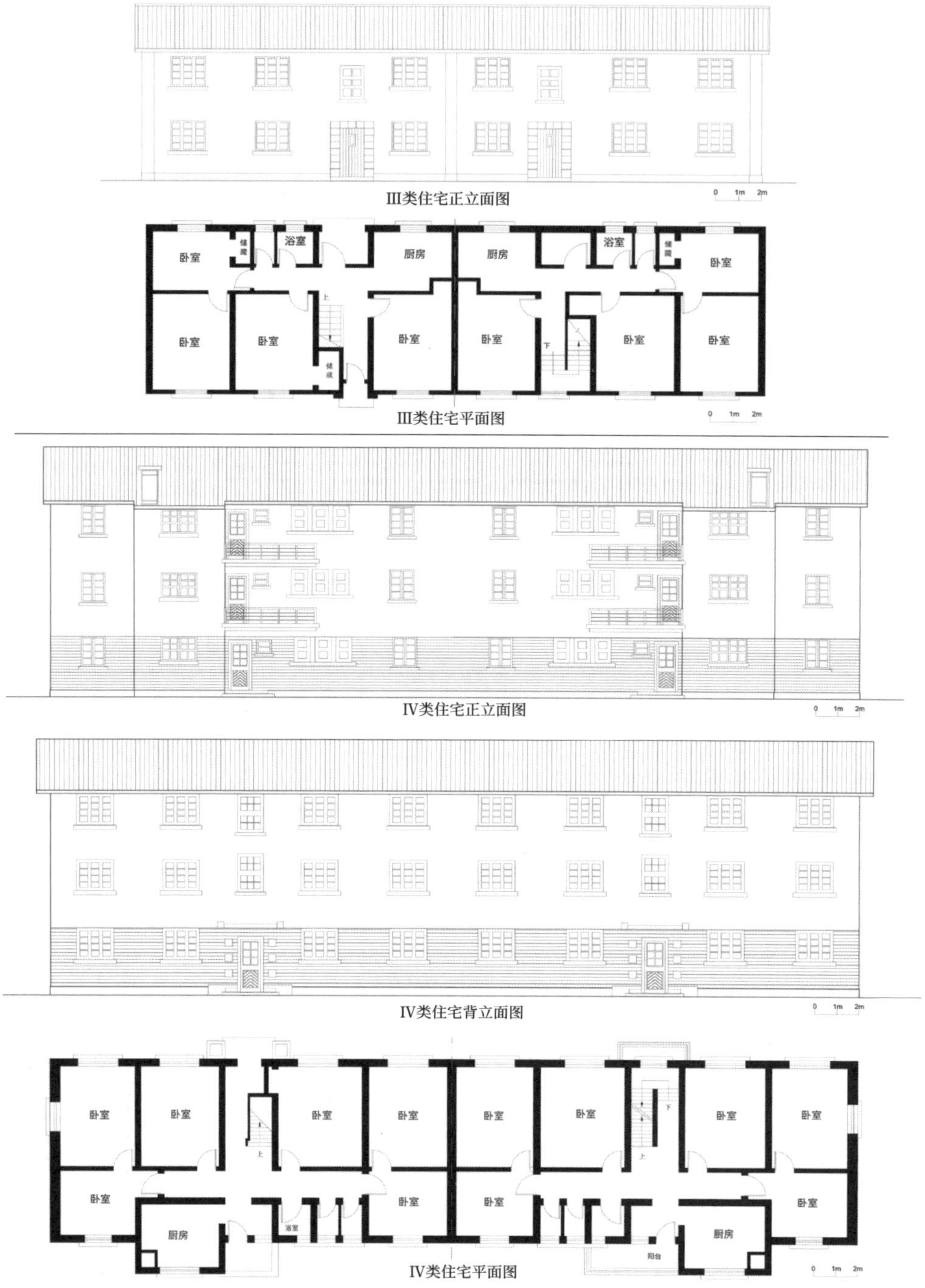

图 3–16 曹杨新村四类标准户型及其分布（1952—1978 年）

来源：邓欣和、诸欣亦，据汪定曾，1956：4–6 绘制

小结

本章从城市、住区、户型三个尺度对曹杨新村展开空间分析，揭示出工业化政策、计划经济体制、基层社会治理和集体主义生活对新村空间规划的重要影响。首先，“就近工业区、远离市区”的选址原则显然受到“先生产后生活”的工业化政策的影响，方便上下班的同时，也有利于塑造“以厂为家”的社会主义工人生活方式；其次，从邻里单位到居住区理论，工人新村规划逐渐将“住区空间等级”与“行政管理等级”建立起对应关系，并通过公共服务设施的“千人指标”，把计划经济和基层社会管理的目标结合起来；最后，在新村建设中推广标准化户型，可以加快建设速度、降低造价，促进集体主义生活。

国家权力与标准化空间之间的密切关系并不是一个特殊现象。社会主义时期苏联的城市规划原则体现了中央集权与现代工业化管理技术（尤其是泰勒制[1]）的结合。[2]而工人新村空间结构的等级化和住宅单元的标准化设计，也让我们看到斯考特[3]提出的“国家的视角”，即面对复杂混乱的社会现实，国家总是希望通过制度或者空间的手段使之简单化、标准化和秩序化。[4]

对曹杨新村进行空间分析，不是为了抽象地描述新村的空间特征，而是把新村放到时代背景下，审视新村的建成环境是如何被政治、经济、社会关系“生产”出来。反之，新村物质空间的重要性不仅在于它促进了集体主义的生活方式，还在于它为新村工人社会关系的“再生产”提供了物质载体。

1. 泰勒制（Taylorism），20 世纪初由美国工程师弗雷德里克·泰罗提出的一套科学管理方法。
2. Bray，2005：81
3. 斯考特（J.C. Scott，1935—），美国政治学教授，关注近代国家里支配和被支配的关系，特别是被支配的弱者的价值观和意义世界上。
4. 斯考特，2004：101–104

第四章 “模范社区”——第一代新村工人的身份建构

如果说工人新村作为20世纪50—90年代城市住宅建设的主体，其在社会主义城市规划与建设方面的价值渐受关注，那么对于新村生活的真正创造者——新村工人，他们从哪里来，他们是怎样的一群人，他们在新村形成怎样的生活方式，以及他们如何处理“生活—生产”的关系，却一直是现有研究的盲点。这使得新村工人“面目模糊”，新村研究普遍存在“见物不见人”的问题。

事实上，“新村”是毛泽东时代工人群体身份建构的一种重要方式。关于工人阶级的社会身份也是上海近代史研究的热点问题——已有的研究倾向于认为：虽然工人在共产党领导的第三次国内革命战争中发挥着重要作用，但由于职业收入、文化习惯和政治信仰方面的差异，以及工人在集体行动中表现出的多样性，1949年以前的上海工人很难说存在一个定义清晰的“工人阶级”。[1]然而自1950年代以来，通过国家赋予（state assignment）、社会宣传（social image）和自我认同（sense of belonging），工人新村成功地“塑造”出新的社会身份——新村工人。本章从单位制和身份建构等理论视角出发，通过档案整理和实地调查，对曹杨新村社会建构的过程进行剖析，揭示出“新村工人”身份建构过程中国家、社会和个人的三重机制，以及空间要素在这一过程中所起到的独特作用。

1. Roux，1993；Perry，1993

1. 国家赋予[1]

新村工人社会身份的建构首先是国家通过单位赋予的。在计划经济时代，所属单位的级别[2]是衡量职工社会地位的重要指标：单位级别越高，职工的社会福利水平越高，获得住房的可能性也就越大。[3]此外，单位是职工获取住房的唯一来源，特别是在住房短缺的情况下。单位通过提名、评选、公示等复杂程序，在大量的住房申请者中进行严格挑选，而这一过程在很大程度上决定了新村工人的社会特征。工人新村还可以看成单位制在居住地的某种延续，新村与工厂的空间布局往往存在着同构现象（特别是中国北方的工业城市）：围合大院、内部自给自足的公共服务设施、整齐划一的建筑形式等。[4]新村是单位制研究的重要补充。

应如何挑选新村居民——这是新村建设计划拟定之初就要考虑的问题。档案显示，新村住房的分配主要分两个步骤：首先是市政府在全市范围内对申请住房的单位进行筛选，其次是入选单位内部对有住房需求的职工进行评选。

单位筛选

在全市范围内，新村住房的分配带有明显的倾向性——重点服务于与国家战略需求紧密相关的大型国营企业，“其他小型工厂再困难也不予考虑”[5]。比如曹杨新村的第一批工人住宅优先分配给普陀、闸北、长宁 3 个区的纺织、五金等产业中住房拥挤困难、在生产上有显著成绩、工龄较长、一贯积极的老工人。217 个参与分配的单位主要是普陀、闸北、长宁 3 个区内 400 人以上的纺织厂和 100 人以上的五金厂。最终参与分配的职工数达到 93 804 人，占 3 个区 25 人以上工厂职工数的 67.3%——

1. 此处的“国家赋予”，指国家通过政府和单位两种形式，以及特定的住房分配制度，赋予新村工人社会身份的过程。
2. 单位级别与其所有制性质有关，如全民所有制企业高于集体所制企业，后者又高于私营企业；级别还与单位类型有关，国家建设的急需行业（钢铁、纺织、冶金）要高于一般行业。此外，就住房分配来说，级别与单位规模也有一定的关系，职工人数多的大厂要高于人数少的小厂。
3. Barnett，1966
4. Bray，2005
5. 上海市档案馆档案，B1-2-1402

宣传效果被最大限度地发挥了。[1] 随后的“两万户”项目中约 16 100 套分给了中央国企，2900 套分给地方国企（这两项占到总数的 95%），私企仅有 1000 套（5%）。在“两万户”分配表（表 4–1）中，四家央企（华东纺织局、轻工业部、第一机械工业部、中央化工局）和一家大型地方国企（华东钢铁公司）共获得住房分配名额 16 910 套，占“两万户”的 84.55%。

表 4–1 “两万户”住宅分配表（1952—1956 年）

单位性质	分配单位	分配住房数（套）	占比
中央国企	华东纺织局	10 000	50.0%
	轻工业部	3220	16.1%
	第一机械工业部	2620	13.1%
	中央化工局	260	1.3%
地方国企	华东钢铁公司	810	4.05%
	工务局	250	1.25%
	海运管理局	220	1.1%
	派出所、管理所、区办事处等	180	0.9%
	上海水产公司	150	0.75%
	中国器公司	150	0.75%
	交通运输管理局	150	0.75%
	公用局	100	0.5%
	新华印刷厂	50	0.25%
	交通部上海电讯局	40	0.2%
私营厂	—	1000	5.0%
其他	—	800	4.0%
总计	—	20 000	100%

数据来源：上海市档案馆，2006：159

1. 宣传效果始终是新村住房分配工作的重点。为了让更多的企业了解新村计划并动员他们参与住房建设，早期新村住房分配采取“广撒网”的方式，即住房数量虽然有限，但住房分配要涉及尽量多的单位。比如曹杨一村 1002 家住户来自 217 个厂。每个厂平均只能分到四五套住房，而涉及分配企业数量却占到 3 区 25 人以上企业总数的 67.3%。由于每个单位都需家属委员会，最初的曹杨一村竟出现 100 多个家属委员会。（上海市档案馆档案，B46–1–89–1）

职工评选

在入选分房的企业内部（以申新九厂为例），住房分配主要依据四项原则：①根据车间人数按比例分配名额；②以创造发明或合理化建议对生产有显著贡献者；③生产上一贯起带头作用的先进工作者；④工龄较长的老年工人。[1] 最终，申新九厂在 5926 名职工中选出 120 名候选人（表 4–2），再通过评议确定新村居民 28 人，占全厂职工人数的 0.5%。

申新九厂领导对评选工作相当重视，制定了复杂而隆重的程序：利用劳保干部大会和职工政治学习进行动员；各车间召开车间委员会大、小组长联席会议，提出候选人名单；车间群众大会，分组讨论并对候选人提出意见；集中全厂候选人名单，由工会组织“曹杨新村住户评选委员会”[2] 按条件确定最终入选名单；新村住户座谈会；欢送进宅。

隆重的选拔过程带有明确的政治意图，在“分配计划书”中，申新九厂转达了政府“分配工作要首先做好宣传”的要求，即通过住房分配帮助职工树立“三个观念”：①生产观念——曹杨新村是我们劳动的果实，搞（履行）好生产合同，建设富强祖国的美好生活；②集体观念——一人住新村，全厂都光荣；③感恩观念——人民政府为人民，感谢毛主席，感谢共产党，支持志愿军，抗美援朝，保卫世界持久和平。[3] 可见，住房分配一方面是为缓解职工的住房困难，另一方面更是要对工人进行生产和生活的社会主义教育，从而确立新时期国家和工人的关系。

从申新九厂公布的选拔条件看，第一批新村工人的选拔是以“激励生产”为目的。120 名候选人中有 110 名（92%）来自生产一线，且要求对生产有“显著贡献”“一贯起带头作用”。虽然工龄较长、住房困难的老工人会优先考虑，但实际入选的职工中却少有这样的老工人。因为一方面，老工人家庭人口多[4]，面积狭小的新村住宅难以满足其需求，申请人数并不多；另一方面，技术等级较高的老工人被认为与旧体制中的工头、企业主有千丝万缕的联系，政府和企业新的领导者更需要忠诚、

1. 上海市档案馆档案，Q193–4–668
2. 评选委员会有党代表、工会主席、团代表、工会生产、工会生活、工会劳动保险各 1 人，车间主席 7 人，前纺、后纺、加工、织布车间的老工人各 1 人，共 17 人组成。（上海市档案馆档案，Q193–4–668）
3. 上海市档案馆档案，Q193–4–668
4. 1958 年上海市民的平均家庭规模为 6.7 人 / 户，老工人家庭规模更大。（汪定曾，1959：13–16）

表 4–2　上海申新九厂住房分配候选人来源（1952 年）

车间	工人人数	候选人数	占比
前纺	1032	21	2.0%
后纺	1867	38	2.0%
加工	1404	29	2.1%
织布	752	15	2.0%
试剂	157	3	1.9%
机动	210	4	1.9%
事务	504	10	2.0%
总计	5926	120	2.0%

数据来源：上海市档案馆档案，Q193–4–668

可靠的青年支持者。这也是为什么在最终入选的 28 名职工中，40 岁以下的中青年职工占 22 位，超过 60 岁的仅有 1 位。[1] 由于名额极其有限，最后入选的往往是各厂在政治思想和业务能力两方面表现都优异的“劳动模范”和“先进工作者”。

申新九厂并非个案，曹杨第一代的新村工人在职业、年龄、收入、政治信仰方面都显现出一定的共性：国企一线工人，40 岁以下（有 2 ～ 3 个孩子），有高级职称（八级工），党员或拥有劳动模范、先进工作者等称号。在受访的 13 户劳模家庭中，第一份收入能达到八级工工资水平 [2] 的接近一半，如果算上双职工家庭的第二份收入，则远超当时上海市民的平均收入（表 4–3）。有意思的是，第一代居民中有相当一部分是 1949 年以前来上海打工的安徽和苏北移民，这些年轻的工人过去在厂里资历浅、收入低、住在棚户区，甚至苏州河边的“滚地龙”[3] 里，但

1. 上海市档案馆档案，Q193–4–668
2. 1956 年上海市纺织和冶金企业八级技工的工资水平分别为 102.5 元和 123 元。（《上海工运志》编纂委员会，1997：497）
3. 滚地龙，指用毛竹和芦苇搭起的人字形或半圆形低矮窝棚，是棚户区中最为常见、条件最为艰苦的一种住房形式，多为贫困人口和流民的住所。

表 4–3　曹杨一村部分第一代居民在 1950 年代的家庭收入

序号	受访时年龄	家庭人数	第一份收入（元 / 月）	第二份收入（元 / 月）	家庭收入（元 / 月）	人均收入（元 / 月）
1	53	11	105	63	168	15.3
2	73	6	90	16	106	17.6
3	69	8	90	40	130	16.3
4	59	3	110	—	110	36.7
5	83	6	70	30	100	16.7
6	88	7	85	15	100	14.3
7	81	4	90	—	90	22.5
8	88	4	110	20	130	32.5
9	88	7	75	16	91	13
10	85	7	92	—	92	13.1
11	62	6	84	—	84	14
12	58	9	129	64	193	21.4
13	58	4	70	70	140	35

数据来源：2010 年对曹杨一村 13 户劳模家庭的调查

在新社会，他们被视为是最富朝气和生产力的群体，是新领导可以依赖的重要力量，也是新村第一代居民的主要来源。新村住房的分配，实际上是根据单位性质、业务能力和政治忠诚度，对工人群体进行的一次社会分层。

2. 社会宣传

如果说住房分配是第一次身份建构，那么政府、单位和公众对新村的持续关注则成为新村工人的第二次身份建构。各单位都以住新村为荣，所谓“一人住新村，全厂都光荣”。住房分配名单一经确认，企业就召开表彰大会，组织欢送队伍，敲锣打鼓地送劳模进驻新村（图 4–1）。当从棚户区走出的劳模们提出新村房租高、现代化的生活设备（自来水、电灯、煤气热水和抽水马桶）造成生活成本的增加，

图 4-1 欢送居民入住曹杨新村（1952 年）
来源：白吉尔，2005：331

甚至个别困难家庭提出要搬出新村的时候，政府多次指示房管局“务必将房租降至新村工人可负担的水平”[1]。

对外窗口

新村建成之后，作为社会主义建设的重要成就，工人家庭成为外国记者、政要，甚至党和国家领导人参观的对象。最早开放的曹杨新村，从 1955 年至 1990 年代持续接待了世界 155 个国家和地区的外宾 7209 批，共 10 万多人次（平均每周有 4 ～ 5 批外宾）。[2] 作为全市重要的对外窗口，曹杨街道办事处还设立了“外事办公室”（这是全市第一个街道外办）。这些参观接待成为新村居民日常生活和集体记忆的重要组成部分（图 4-2 和图 4-3）。

1. “为了政治上的效果和典型示范的性质，房租价格应当照顾工人生活负担能力，而不应当以一般市民房租考虑……如果房管处认为房租收入实在太少，可用管理费用的名义向华东纺织局，华东工业部和私营资本家按月收取一定的费用，作为辅助工人房租之不足，如此既不影响工人工资，又减少了他们的开支。”（上海档案馆档案 B1-2-1402，1952）
2. 《上海市普陀区志》编纂委员会，1994：409

我们都是敲锣打鼓住进来的。那时候能住新村的，都是各单位的先进工作者、劳动模范。很多人原先住的都是茅屋草棚，根本没有什么家具，搬家就只用一辆平板车。工人们都说“房间太大，住得不习惯”。我们都是第一次看到“三开一抽”[1]。住到新村后必须保持更积极的工作态度才能回报国家和单位的信任。（CY012）

图 4–2 印度代表团参观曹杨新村
来源：上海市档案馆档案，H1–27–1–32

图 4–3 苏联代表团参观曹杨新村
来源：张梁等，2016：191

1. 三开一抽，“三开”指自来水、电灯、煤气三个开关，“一抽”指抽水马桶。

文艺作品

此外，为了让更多的市民了解工人新村，1950年代以来不少的小说、电影、画册、报纸对新村里的生活场景和劳模事迹进行了报道（图4-4和图4-5）。火热的生产工作和充满朝气的新村生活共同构成计划经济时代的工人文化，新村工人也成为受人尊敬的社会身份。

1958年出版的长篇小说《上海的早晨》中对当年曹杨新村这样描述：

> 远远望见一座大建筑物，红墙黑瓦，矮墙后面有一根旗杆矗立在晚霞里，五星红旗在空中呼啦啦飘扬。红旗下面是一片操场，绿色的秋千架和滑梯，触目地呈现在人们的眼前。操场后面是一排整整齐齐的平房，红色的油漆门，雪亮的玻璃窗，闪闪发着落日的反光。[1]

3. 自我认同

“劳动模范”和“新村居民”两个身份使新村工人与一般工人产生了差别，前者是工作地带来的，后者则是居住地带来的。新村工人自己如何看待单位和社会赋予他们的身份？调查显示，新村第一代居民对这两个身份的认同度相当高，这主要体现在他们对单位工作的强烈责任感和对新村生活规范的自觉维护。下面通过劳模家庭的口述来进一步理解这种认同是如何发生，以及身份认同对新村工人的个体行为和家庭生活产生的影响。

对单位工作的强烈责任感

魏昂德认为，毛泽东时代的中国工人在就业、收入和生活福利等方面高度依附单位，工人中的积极分子与单位之间存在一种实用性的互惠关系。[2] 在曹杨新村的调查中发现，新村工人对单位工作的投入虽然有一定的互惠，但更多的是主动投入，且不计回报。这种投入主要体现在三个方面：

（1）**超常的工作强度与责任。**单位对劳模最首要的要求是生产上有贡献，这

1. 周而复，2004：148
2. Walder，1986

图 4–4 画册《曹杨新村》与诗集《曹杨新村好风光》（1953 年出版）

图 4–5 电影《今天我休息》（1959 年上映）中的曹杨新村

需要他们比一般工人更加努力。不论性别、年龄和家庭状况，主动的长时间加班是新村工人普遍的工作状态。

我是1952年第六织布厂的先进生产者。那时厂里只有一部车床，没有几个人懂得用。我提出要研究机械设备来提高工作效率，但我没有文化，就参加夜校，边学认字，边学习机械制图。那时工作非常忙，经常从早上6点忙到晚上11点，因为我经常要修机器，而且自己的生产任务还不能少，只好利用下班时间，后来我索性半年睡在厂里不回家。夜里一旦机器有问题，他们就喊我起来修，很累的。不加班的时候，我晚上还要上门向村里其他工厂的技术员请教。（CY012）

我们劳模讲得再好，首先就是要把工作做好。那时候工作起来不知道休息，天天加班，春节和国庆节自己也会主动去上班，没什么假期，不像现在。我们纺织工人平时早、中、晚三班倒[1]，任务多的时候就连夜做，几天都不休息。加班多了会犯困，我就拧自己的大腿，腿上全是乌青，别人问我就说是摔的。就这样，我创造了连续89个月没有次布的行业记录。（CY095）

我们每天工作十几个小时，单位远一点的就不回家，桌子白天用来办公，晚上当床。家里人根本照顾不到，都是我爱人在照顾。所以我小孩小时候说，长大决不当工人，太累了。（CY012）

劳模们只是自己努力还不够，还必须“带动周围人一同努力工作”——这正是劳模制度在生产上的真正目的。

当了劳模，领导就让我多动员群众。开始我想不通，我工作努力是自己应该做的，为什么当了劳模就要动员别人呢？而且我自己没有文化，没有口才，动员不来别人的呀。厂里书记跟我讲：“人家评你当劳模，你就应该比一般工人做得更好。”于是我开始关心组里其他的工人。她们中有人怀孕，我就帮她们上夜班；下了班我还去家访，了解她们对生产的意见，鼓励大家努力生产。后来大家选我做组长，开始组里就我一个党员，后来我发展了十几个党员。我们小组产量提高一倍，材料节省了30%，连续10年被评为全国纺织系统先进小组。（CY096）

1. 企业根据生产需要将职工分为早、中、夜三个班。在实行“正顺序倒班”的情况下，职工由早班调中班，由中班调夜班，如此反复轮换，“逆顺序倒班”则反之。

（2）**政治忠诚**。早期的劳模评选重视生产贡献，但 1960 年代受政治运动的影响，企业职工的“政治忠诚”越来越受到重视。是否拥护党的政策，是否积极执行厂领导的决定，在工人与领导产生矛盾的时候是否能站领导一边，都成为车间和工厂领导考察工人表现的关键。这也是为什么在 50—70 年代的工厂企业中，获得领导信任的往往不是那些技术熟练的老工人，而是一些政治忠诚度高的年轻工人的原因。他们在劳模评选中脱颖而出，并获得入党的机会。这些年轻的积极分子有的是在 1949 年以前就参加党的秘密工作，有的是在 1949 年后的生产工作中表现积极的工人。

我 15 岁进了日本纱厂做童工。那时候童工的日子真不是人过的，工资低、吃不饱饭不说，那摩温[1]还常打我们。有个大姐对我很好，救过我的命。她是地下党，她跟我讲苏联的十月革命，我听不懂，后来讲解放区的男女平等，很吸引我。18 岁那年，我偷偷跟着她入了党。我的工作就是往厂里那些识字职工的信箱发传单。后来解放了，我跟她一起去街上跳舞，迎接解放军。（CY095）

这些获得信任的年轻工人大多出身于农村的贫苦家庭，文化程度不高。他们中的绝大多数人对政府宣传的政策和理论并不十分理解，但他们知道厂里的新领导给了他们荣誉和信任，他们必须用实际行动来回报。当他们行为与党的要求一致、一举一动都遵循政治规定的道德时，他们就会得到组织上的物质和精神双重鼓励。

厂里开展政治学习，我才知道我们国家是（因）很多烈士牺牲才建立的。我自己什么都没做，组织就给我这么多荣誉，我既感动，也很内疚。我想把自己的一切都交给党，党叫我做什么，我就去做什么。（CY096）

（3）**牺牲精神**。如果说高强度劳动和政治服从在同时代普通工人群体中也大量存在，那么，为了工作不惜牺牲家庭利益甚至个人健康和生命则是劳模群体特有的行为特征，也是劳模最具说服力的道德品质。

1. 那摩温，英语“number one”的音译，最早出现于 20 世纪初旧上海的外资买办企业里，指工厂里的工头。

我爸妈都是退伍军人。我爸是党的好干部，1950 年国家号召精简部队，他就主动让我妈退伍回家。1958 年国家说要解放妇女劳动力，他就鼓励我妈去工作。我妈工作认真，不久就被区工厂召为正式工人，还评了先进。60 年代初国家经济不好，他又劝我妈回家，把岗位留给那些找不到工作的年轻人。那时候，国营工厂的正式工人很吃香的，我妈不想辞职，他就一直劝，最后还是让她回来了。要是她那时候不回来，现在至少每月有 2000 多块的退休金。现在什么收入都没有，全靠我爸的退休工资。（CY003）

我 1976 年从纺织厂调到金山化工厂，负责维修化工炉。那时候不知道化工污染对身体伤害很大，工作了几个月发现自己吐血、拉血，到医院检查的时候，我的整个胃都烂掉了，4 个多小时的手术才把我救过来。尽管领导不同意，我手术后 4 个月还是去上班了。（CY012）

我老公也是劳模，他什么事情都很积极。当时，他们有个同事生白血病，医院要求单位组织献血，他报了名。所有人献完血之后（距需求量）还差一点，他觉得自己身体好，就主动又献了一次。结果，回家第三天，他的肝就不行了，送到医院抢救也来不及，两个月就走掉了。那时我才 40 岁出头，家里还有四个孩子。（CY010）

这种极端的牺牲精神很难用“投入—回报”的实用关系来解释，很多劳模在牺牲个人与家庭利益，甚至健康和生命之后，并不求得到相应的回报，甚至当这种回报摆在他们面前的时候，他们还要再三辞让。劳模工人中流行的观点是“工作要与好的比，生活上要与条件差的比”“见困难就上，见荣誉就让”（CY028）。如果只是为了物质奖励和荣誉，牺牲行为就会被视为目的不纯而失去了道德的纯粹性。那么，究竟是什么让他们做出了超越常人的牺牲呢？通过访谈，可以发现“牺牲行为”主要受两方面情感的制约。

一方面，新村工人对工作的极端牺牲行为来自他们对国家的感激。绝大多数的劳模在过去是地位低下的穷苦工人，新旧生活的对比让他们相信，是新政府给了他们稳定的工作，良好的收入和社会荣誉，他们的命运完全是因为新政府的到来才发生了转变。工人们常说：“谁对我好，我就应该对谁好，党对我们好，我们当然要感谢党。”（CY096）如何感谢？工人们认为没有别的方法，只有努力工作。

我 1929 年出生在苏北农村的穷人家庭，爸爸去世得早，母亲重男轻女，对我很不好。我 17 岁就到上海棉纺厂做工。那时候，我们小工的工资很低，只有老工人工资的 1/4，每月交完房租就只能买 1 斗米。平时就是喝粥、吃咸菜。厂里监工看我们很严，不给时间吃饭，中午扒两口饭、上个厕所就赶紧回去干活。因为吃得不好，常常有工人晕倒。解放以后不一样，共产党的军代表给我们讲道理，说解放前给资本家做，现在给国家和我们自己做。厂里有了食堂，下了班还教我们工人识字。我工作认真，大家就推选我做劳模，还给全厂职工作报告。1952 年单位送我来住新村的时候我才 22 岁，两年后我做了全国人大代表，还作为全国劳模去北京见了毛主席，那时候真的开心啊……我这个人重感情，人家对我好，我就加倍对人家好，党照顾我，我就愿意对党好，努力工作。（CY096）

我爸死得早，家里穷，我 11 岁就被妈妈送给人家了。那家人条件也不好，新爸爸是电工，在一次工作中从电杆上掉下来摔死了。新妈妈就说我“克父”，把我从家里赶了出来。我 17 岁到上海，跟一个湖南老乡结了婚。后来打仗，他失业了，我们一家住进难民招待所[1]，生活一直很苦的。后来新政府来了，给他在汽车修理厂安排了工作，生活算是稳定了。单位还教他识字，让他当技术员，后来是工程师。他工作认真，还当了劳模，我们一家住进新村来了。我们的五个孩子后来也都读了书，有了工作。我就想，过去他们说我命不好，现在我还是这条命，为什么共产党来了我的命就变好了？是社会不一样了，我今天的所有都是共产党给的，我当然要报答。（CY010）

另一方面，劳模的牺牲精神还来自外部（其他工人）和内部（自身）的“道德压力”。我们知道，模范制度不仅要鼓励生产，它还代表了一种新的“道德观”。整个 50—70 年代，从全国到省、市、地、县，人民政府在工厂、学校、部队、基层政府，甚至农村等各级单位都进行过劳模评选和宣传，在各个行业选出一批著名的劳模人物（王进喜、时传祥、雷锋、焦裕禄、陈永贵等），尤其是工人劳模（人数最多，覆盖单位最广），他们成为全厂、全市甚至全国工人学习的榜样。新村工人们认为，既然是榜样，党对劳模的要求与对普通工人的要求是不一样，劳模自己对工作和生活方面的“道德”要求也应当与普通工人不同——这种“道德”

1. 抗日战争时期，国民党政府为因战事影响而出逃的难民划定了救济区，并设置难民总站，下设分站与难民招待所。

不是中国传统社会的儒家道德，而是一种包含了国家意志的“新道德”，它包括忠于党、勇于牺牲、不计个人得失、国家利益高于一切等。为了具备这种“新道德”，劳模必须对个人和家庭成员的行为进行约束，尤其是当个人利益、家庭观念与国家意志发生冲突的时候，他们必须能够做出超越常人的道德选择，始终将国家利益置于家庭关系和个人利益乃至生命之上。很明显，劳模获得的荣誉和鼓励越多，他们承担的道德压力也越大。劳模成为一种“道德标签”，它极大地约束着新村工人及其家属的行为。

厂里领导有什么要求，我总是第一个响应；有什么困难，我也是第一个迎上去。你是共产党的先进啊，你不第一个上谁上啊？

因为我一直忙厂里的工作，自己结婚的事很晚才考虑。就因为我自己是全国知名的劳模了，找对象也不敢找条件太好的，人家要说的。（CY096）

作为单位劳模，我必须以身作则。你有困难，人家也有困难，国家也有困难，所以单位要给我加工资，我推辞过4次，连分房子我也让过好几次。我家虽然孩子多，房子小，但单位里年纪大、等着房子结婚的人还很多，我觉得他们更需要房子。虽然家里人也有不少怨言，但最后他们还是都听我的。（CY028）

对新村空间的认同

除了在工作单位中对劳模身份的认同，新村工人对“新村”本身也有着强烈的认同。

认同首先产生于对新村独特空间环境的感悟。虽然住宅的设计标准不高，但新村的规划和建筑设计却具有鲜明的形象特征：洋气的住宅外观和现代化的设备、齐全的公共设施和大片的公园绿地等都显示出新村的优越性。由于第一批居民之前大多住在条件恶劣的棚户区，他们一到新村就被“色彩鲜艳”、配有“电灯、马桶和自来水等现代化设备”的新式住宅所打动。这些空间意象让曹杨新村成为社会主义新生活的象征，也加强了新村工人对自我身份的认同。

搬过来的时候，我跟哥哥、姐姐抱在一起跳，开心死了，这么好的房子！有自来水、抽水马桶，不敢想象。那时候市区房子里都没有这些东西啊。过去住棚户，吃水要出去挑，做饭要捡柴火，天不好只能在屋里烧，气味一塌糊涂。而新村房子三户人家一层，天井是用高篱笆分隔的，干干净净的空地，放个垃圾桶。前院也是用矮篱笆围起来，每家都可以种花草，外面是柏油马路，里面是石子路，特别漂亮。我们骄傲地认为自己住的是最好的。到 1964 年煤气公司给我们装煤气灶的时候，静安区的老房子都没有煤气呢！（CY007）

同时，工人们知道，新村是国家专门为他们建造的，包含着单位和国家对他们工作的肯定和希望。新村住房对居民来说不再是普通建筑物，而是包含着国家关怀、代表工人身份的“神圣物”，工人们也因此对新房充满了特殊的感情。

我们过去是住茅屋草棚的，像样的家具就只有两个长凳子和一个床板。进了（新村的）房间一看，地板是红的，窗是绿的，墙是白的，心里那个喜欢啊，连钉子都舍不得往墙上钉。那种翻身做主人的感觉很强，感谢政府，感谢毛主席！（CY069）

除了住宅，整个新村被整饬的河道环绕，四周布置了大片绿地和当时普陀区最早的城市公园（曹杨公园），走进新村就像进入花园，连道路也全部以花木为名（兰溪路、花溪路、棠浦路、杨柳青路、桂巷路等）。1960 年以后，曹杨新村基本的公共设施逐渐完善，新村拥有了以“曹杨”命名的菜场、邮局、医院、银行、浴室、学校、文化馆等，连周边的小旅馆、饭店等也纷纷以“曹杨”为名（图 4-6）。新村居民自豪地认为，这是政府专门为他们建造的一片新天地。这种归属感又因为大量的外宾参观和媒体宣传而得到了进一步加强。新村住宅高耸的烟囱、精致的漏窗、花园、小河、红桥等标志性景观也频频在报纸和电影中出现，不仅新村居民，上海其他居民也一看就知道这是曹杨新村——中国第一个工人新村（图 4-7）。至今还有居民津津乐道一些当年的著名传说，“这房子听说是苏联人设计的，只有洋房才有这么高的烟囱嘛”“听说从空中看，曹杨新村像是一个放在小河和树林中的巨大的五角星”“连毛主席也来过我们新村的。那时候我年纪小没看清，但他们走以后，大家都说那个身材高大、穿大衣戴口罩的就是毛主席！”（CY007）虽然这些传说后来都被证实与事实有很大出入，但居民们还是非常愿意相信这些说法——空间意象在很大程度上加强了居民对新村归属感。

(a)

(b)

(c)

(a) 公共浴室；(b) 工人消费合作社；(c) 儿童活动场地

图 4–6　曹杨新村的公共服务设施

(d)

(e)

(f)

(g)

（d）商店；（e）职工医院（卫生所）；（f）邮局；（g）银行。

图 4–6　曹杨新村的公共服务设施（续）
来源：（a）（b）俞创硕等，1952；（c）张梁等，2016：191；（d）—（g）中国人民对外文化协会上海市分会，1957

图 4–7　曹杨新村全景（1960 年代）
来源：吴辰，2006：158

对邻里关系的维护

据老居民回忆，1980 年代以前新村的邻里关系相当融洽。

“因为是公用灶间，谁家水开了、菜烧干了，大家就互相喊一声；没米了，就去隔壁家借一点；小孩子在隔壁邻居家玩、做功课，甚至吃饭都是常有的事；要是邻居家来了亲戚没地方住，我们就自己到厂里住一段时间，把房子腾出来给邻居家用。即使是原来厂里不认识的，一起住进来就慢慢认识了。”（CY010）

紧密的邻里关系首先来自新村居民在职业、家庭出身[1]、社会和政治身份等方面的同质性，增强了居民之间的理解。比如当时纺织厂实行的“大三班”制度（每个工人一星期早班、一星期中班、一星期晚班），工人工作强度很大，有时白天也需要在家休息，而新村住房的厨卫是三户合用设计，隔音效果也不好，非常容易相互干扰。据居民回忆，当时住房按工人所在单位进行安排，即同栋楼里的居民基本都是同事（比如 54 ～ 60 号是国棉一厂，61 ～ 64 是国棉二厂，65 ～ 68 是三厂，70 ～ 85 都是国棉七厂，等等），邻里能够互相理解。

1. 在 1949 年后，“出身”指家长尤其是父亲从事的职业。例如干部、军人、职工子女，凡是随其父母长大的，他们的家庭出身应按其父母的革命职业填写；地主、富农、贫农出身的农民子女，他们的家庭出身则为农民。

“如果你上夜班，他们白天在家说话走路都会尽量轻，怕影响我们。如果谁家最近工作忙，那她家看孩子、做饭、照顾老人的事情大家都愿意帮助。”（CY069）

当然，社会特征的同质并不意味着居民之间不存在矛盾，因为作息时间不同，对厨房、内院和走廊等公共空间的使用有时也会造成邻里之间的矛盾，但“新村工人”的身份认同和劳模准则的约束使得这些矛盾始终处于有效的控制中。

“那时候也有矛盾，但总的说来大家都比较自觉，也懂得谦让。毕竟都是同事，抬头不见低头见的。而且大家都是单位的劳模，不会因为一点生活小事就影响工作上的关系，传到单位也很难听。”（CY075）

对“新村工人”身份的认同甚至消除了过去工人群体中存在的地域歧视。在1949前的私营工厂中，各行业工人的来源存在一定的地域集中：最能吃苦的苏北人多集中在码头搬运或纺织厂等劳动强度大、工资低的工厂；烟草、玻璃等待遇较高的行业多为宁波和无锡工人；而技术含量较高的造船和机械行业则多广东籍工人。国有企业大多由私营工厂改制而来，上述现象也延续到新村中：一工区[1]的上海开关厂和香烟厂中宁波籍工人居多；二工区的器械厂中有不少广东籍工人；三、四工区的棉纺厂中大部分都是苏北工人。在过去，不同籍贯的工人之间由于职业、经济条件和生活习惯的差异往往隔阂较大，一般不会住在一起。但在新村中，工人通过新的原则（单位、技术等级、政治表现）被组织在一起，新的身份打破了原有的地域性隔阂。在工人中间，籍贯不再成为判断社会地位的标准，工人居住地也不再与职业、籍贯相联系，而是与所属单位建立起联系，新的社会分层标准削弱了过去工人之间的地域性歧视。

（3）四工区的苏北人多一点，但我们没觉得谁是苏北人就看不起他。能住进新村的都是劳模，都是优秀的工人。虽然不是一个单位，但我们现在都住在一起，我们就要好好相处。（CY069）

---

1. 曹杨新村用工厂常见的“工区”概念来命名各“村”以下的居住单元（即街坊群或建筑群）。比如曹杨一村有一～四 4 个工区，这一叫法沿用至今。

小结

曹杨新村的总规划师汪定曾先生认为，早期新村选址“单纯以靠近工业区为原则，而忽视了与城市的关系”[1]。公共交通的滞后与服务设施的匮乏也体现了新村建设不是一个住宅发展计划，它以工业生产而非生活服务为导向，它的布局和规模主要取决于工业发展计划。远离市区的新村工人不得不依赖于厂区的服务设施。居住地点和工作地点的靠近，方便了工人上下班的同时也模糊了工作与休闲、集体生产与个人生活之间的界限，“先生产后生活”“以厂为家”“舍小家为大家”的生活方式在新村中十分普遍。此外，以曹杨为代表的第一代新村工人大多是国营企业的先进工作者和劳动模范，他们在家庭出身、工作单位、经济收入和政治身份等方面都具有较高的同质性，其居住状态也具有典型的单位制特征：房屋产权归国家所有，由单位分配使用，居民每月交纳低额的房租，房屋的维修和管理由房管所统一安排。可以说，新村在居民构成、生活方式和社区管理等方面具有浓厚的单位制色彩，新村实质上是单位制在居住地的一种延伸。

社会群体是“一些个体的集合，这些集合成员都认为自己具有相同的社会属性，有着共同的价值观和情感认同，对于群体的自我评价也相当一致。”[2]曹杨新村第一代居民是如何形成“新村工人”这一社会身份的？通过新村档案和口述史调查发现，“新村工人”并不是一种现成的、直接“获得”的社会身份，而是通过不同方式逐步“建构”起来的。社会身份一旦建构，它也会反作用于个体，并影响个体与家庭的行动策略。曹杨新村居民的身份建构是通过三种途径实现的：国家赋予、社会宣传和自我认同。国家和单位通过制定住房分配规则对居民进行严格的筛选，使他们的社会特征高度同质；通过频繁的外事活动和媒体宣传，塑造并不断强化了新村生活在大众印象中积极向上的形象；居住条件的改善以及国家、社会的认可也让居民对“新村工人”身份产生了高度的自我认同。通过这些过程，工人新村成为毛泽东时代工人身份建构的重要方式。

---

1. 汪定曾，1956：1–15
2. Tajfel et al.，1979：40

此外，从曹杨新村居民的访谈中发现，特征化的空间元素不仅有助于居民识别和记忆居住环境，更重要的是，空间成为新村工人自我标识社会身份的物质载体。正是通过与过去的生活环境（棚户区）和与其他住房类型（里弄）居住条件的比较，新村工人确立了属于自己的“空间身份”，而后者在很大程度上加强了新村工人的身份认同。

第五章 “失落的一代”——第二代新村居民的曲折经历

曹杨新村社会空间的建构是一个连续的过程。本章将研究的重点从新村第一代居民转向第二代——经历了上山下乡、返城就业、下岗等一系列社会变革的劳模后代。通过研究他们的职业经历和生活轨迹——离开新村、返回新村、依附新村——尝试解答为什么他们未能“继承”父辈优越的社会身份，以及他们在面对新的社会环境时如何重建属于自己的社会身份。

1. 生活轨迹

上山下乡（1966—1976年）

上海从1955年开始组织城镇青年到上海郊区、江西、黑龙江、云南和新疆等农村地区接受农民教育，即“知识青年上山下乡运动”。运动初期的动员对象主要是在上海读书的农村青年和大部分“出身不好”的城市青年，他们被认为是最该接受社会主义改造的群体。1966年“文革”爆发，工人、干部家庭的子女也被要求下乡。1966—1967年上海有一半的初高中毕业生（22万多）被动员下乡，1968—1969年更是要求50.7万的毕业生（除有严重健康原因外）全部下乡。[1]此后下乡的人数有所减少，但到1978年“文革”结束前，仍有38.6万城市青年被动员下乡。据统计，50—70年代上海下乡青年人数达到127.7万人。[2]大多数新

1. 《上海青年志》编纂委员会，2002：552-558
2. 《上海青年志》编纂委员会，2002：552-558

村二代居民在1950年代末至1970年代正值初、高中毕业，遂成为这一运动的亲历者。根据1975年曹杨一村的一份档案记录：1966—1975年，新村共有1150名青年下乡，占全村二代居民总数的83.7%，平均每个新村工人家庭有2个子女作为知青下乡。

下乡知青多是15～18岁的初、高中毕业生，运动中断了他们的中学教育，高等教育更无从谈起（1966—1976年大学停止招生）。不只是毕业生，当时的在读学生也受到严重影响，因为当他们发现即使努力学习也无法继续升学或在城市中找到一份正当工作时，就很难继续安心读书了。如果说1958年的“大跃进”和人民公社化运动降低了新村的中学教育质量（出现大量设施简陋、没有足够合格师资力量的民办学校），那么60—70年代的上山下乡运动则彻底使新村青年失去接受高等文化教育的机会。

对新村青年的动员力量主要有学校、居委会和父母单位三方面。市政府首先成立“知青办”进驻学校，对毕业生进行连续的动员报告，号召他们要有革命的牺牲精神，要忠于毛主席。这种“革命激情”对于从未离开过上海的青年来说确实很有吸引力，他们相信自己可以“在广阔天地大有作为”。家长们出于对政府的感激和信任，大多也支持国家的号召，唯一担心的是15～17岁的孩子能否适应边疆的独立生活。初期的动员工作相当顺利，但1958年以后，上海实行严格的户口管理制度，离开城市下乡（插队落户）将失去城市户口以及依附于户籍上的种种医疗、保险和教育的权利，降级为农村集体户籍，这引起了家长的顾虑。更为严重的是，他们从下乡知青的家信中得知，农村的实际生活与宣传有相当的差距，犹豫不决的家庭越来越多。于是在后期的动员中，居委会敲锣打鼓、挨家挨户地谈话，为了说服甚至亲自为下乡青年做衣服、被子、鞋袜；针对个别不配合的家庭，居委会就联系家长所在的工作单位共同进行动员。在新村居委会和单位两方面的压力下，除了特殊困难原因，新村工人家庭的孩子们都陆陆续续下乡了。

青年下乡的去向主要有国营农场和农村插队落户两种。前者有少量固定工资，享有公费医疗和探亲假；后者没有工资，每年根据庄稼收成按工分分配。国营农场离上海都很远（主要在内蒙古、新疆、黑龙江、云南等地），而插队落户的农村相对较近（大多在上海周边的省份或上海郊区）。一般来说，家庭经济条件差的多选择农场，惧怕边远环境的就选择农村，尤其是上海郊区农村。[1]

我家当时条件差，共有八个孩子。听说去插队落户还要家里寄钱来，我决定还是去农场。当时除了特别艰苦的地方（比如大兴安岭）工资高一点（50 多块），其他农场待遇都差不多。后来我去了嫩江农场（黑龙江）种地，每月除了伙食还能拿 15 块的工资。（CY008）

我姐姐下乡前，全家拿着地图铺在桌子上看。当时有三个去处，黑龙江、新疆和江西。看了地图我们才知道黑龙江和新疆离上海那么远，还是江西近一点。而且听说江西（主食）吃米，生活习惯也跟上海比较接近。（CY003）

不管是去农场还是插队落户，知青发现等待他们的是物质生活和精神生活的双重困苦。在农村，知青要在有限的饮食、居住、医疗条件下进行体力劳动。大部分知青没有种地经验，即使努力工作也挣不够自己的口粮，更别说工资。靠城市父母汇钱接济的情况十分普遍。住宿方面，知青们被安排到农民家或一些非居住用途的住房，如储藏室、工具房、仓库或祖庙，住宿条件普遍比当地农民要差。农场在这方面情况稍好一些，但边疆地广人稀又缺乏机械化工具，手工劳作的强度很大。由于食物的缺乏和长期高强度的劳动，很多不够强壮的知青健康情况不佳。加上农场缺少医疗资源，知青看病往往要去几十公里外的简陋医疗站，严重的疾病难以得到及时的治疗。因此，不少知青的身体都受到一定的损害，甚至留下后遗症。

1968 年我初中毕业，赶上全国“一片红”。那时才 16 岁，没出过门，觉得跟同学一起坐火车去那么远的地方还挺好玩的。可到了漠河（黑龙江），我们都哭了，条件太差了，说好的知青宿舍一直没盖。五六个人一组住在当地农民家，吃饭在大队食堂。食堂也没什么好吃的，就是馒头，刚开始还有白面，后来是玉米面。我们从来没种过地，又没有任何机械工具，全靠人在田里用镰刀割。女孩（工作）一天

1. 虽然曹杨新村知青下乡的历史数据已难以获得，但上海市的情况可作为参考：1968—1978 年间，全上海市 1 112 952 名知青中，有 46% 插队落户，53.8% 选择去农场。（《上海计划志》编纂委员会，2001：340–341）

算6个工分，每工分5.5分钱，一天3毛3。辛辛苦苦干一年，按照当年的小麦价格算下来我们还欠大队二十几块钱。（CY035）

我是从黑龙江农场回来的。刚去的时候十六七岁，什么都不懂，就知道拼命卖力气种地。年轻人体力好，早上出去干活，天黑才回来，累了躺在湿湿的田埂上就睡着了。黑龙江多冷啊，时间一长，关节出了问题，又没有医生，腿就一瘸一拐的，到现在也没好。住得很简单，三十几个人住一个大通铺房间，每个铺之间用自己的行李箱隔开，关系好的就把箱子拿掉，并在一起。一个月吃一次大米，平时只能吃馍馍，烧饼算好的，有点油水。吃第一个窝窝头很香，第二个没感觉，第三个就要吐了。（CY040）

与物质缺乏并行的还有精神世界的贫乏，农村没有书籍、报纸、音乐、电影，这些在城里长大的青年人无法忍受农闲季节的无所事事。地方的民俗活动让知青觉得难以理解，本来要向农民学习的知青们却发现了农村的贫困和落后。想家是自然的，每年一次的探亲假是他们最期待的时刻。无论多远，他们都要回城里待几天，不仅是为了吃，更为了补充精神食粮。

我们女孩子都很想家。我在黑河农村（中苏边界），回上海的话先要先坐十几个小时火车到哈尔滨，再坐四天四夜火车到上海。车票是46元，我没钱买票，我爸就给我邮20块，我哥哥给我邮30块。没钱买吃的，路上就带三四袋干面包。过节人多的时候只有站票，上车就问有谁中途下车，一直站在人家旁边等着。看到有人上厕所，赶紧坐下来休息一会。我们经常在车上站几天几夜，没办法呀，就是为了能回上海待几天。（CY035）

在20世纪60—70年代，中国农村还保留着传统乡土社会中强大的家族关系，在这种封闭式的社会网络中，作为外来者的知青，很难真正被当地农民接纳（除非与当地人结婚）。城市青年的生活方式与当地习俗有着很大的差别，农民们看不惯这些“城里人”的语言和服装，他们种地技能和农业常识的匮乏也经常被农民嘲笑。当知青与农民发生矛盾的时候，由于农民有着当地的家族网络关系，吃亏的往往是知青。况且，在“接受贫下中农再教育”的口号中，知青的社会地位和政治身份比农民还要低。这说明了为什么十几年的下乡生活仍然无法让知青产生归属感和融入当地的愿望。没有人不想着尽早回城里去，即使是那些已经跟当地人成亲的知青。

返城（1970 年代末）

1970 年代末“文革”结束，在农村知青与城市家长的双重压力下，知青政策开始松动，知青们试图通过各种途径返回上海。但这种返回不仅仅是居住地的改变，而且还涉及户口，以及依附于户口的工作、住房、粮油、子女读书等权利的回迁。在当时严格的户籍制度下，有四种途径可以获得进入城市的机会：被城镇单位聘用、读大学、因病或家庭困难、假离婚。

最常见的回城方式就是在上海找到愿意聘用他们的单位（一般由父母、兄弟姐妹和朋友互相介绍）。当时城市企业大都人员过剩，很难提供岗位，很多知青就借“探亲休假”的名义长期待在上海找工作。由于这些大量留城不归的知青已经引起严重的社会和治安问题（不少无业知青成为城市犯罪的主要群体），1970 年代末上海开始实行“顶替”政策，即“企业职工如果家里有 16 ～ 30 岁且没有在国营企业固定工作的子女，可办理提前退休，让子女接替自己的岗位”。[1] 大部分家长对此持欢迎态度，为了能把子女从乡下调到上海，他们都愿意提前退休。1978—1981 年，回沪知青中有 28 万都是这样解决工作的。[2]

我大儿子 1963 年去了新疆建设兵团，28 岁跟当地人结了婚，虽然他当时已经是干部编制了，但他想回上海。我托关系先把他调到江苏海丰农场，后来又换到上海郊区农场，虽然近了一点，但条件还是很苦。后来他就跟我说想顶我的位置，当时我在电线厂工作，年年是先进，46 岁那年还当上了车间主任，工资刚刚从四十几块涨到五十几块，按政策本来可以做到 55 岁。但我老公去世得早，为了儿子能回来，我实在没办法，就办了病退——当时是我动员他下乡的，现在他要回来我也要解决他的问题——可谁知道厂子 1993 年就倒闭了，他又没工作了，那时候他还不到 50 岁。唉，他们这代人也确实蛮可怜的。（CY041）

1. 潘鸣啸，2010：146
2. 《上海青年志》编纂委员会，2002：340-341

1977年全国恢复高考，这对于读过书的知青是一个回城的好机会。根据政策，被大学录取的知青，户口就可以迁出农场或公社，进入城市大学的集体户口。因此，在乡下荒废多年的知青为了改变自己的命运，很多人又重新捡起了书本。

应该说，通过考大学回城是最稳妥的，不需要家长利用关系，但竞争也非常激烈。[1] 经过十多年的荒废，能够通过高考进入大学的只是极少数。一旦考入大学，他们毕业之后就可以在城市中找到满意的工作，有些甚至选择出国继续深造。

1977年，我还在安徽青阳县做农民，有一天村里干部通知我说："你是从上海来的，考试应该不难，去准备准备吧。"说实话，当时真没想过还有回上海的一天。中学毕业以后我就再没有看过书了，但为了回去，我还是要试试。于是我借了初高中教材重新自学。我报了离安徽比较近的两个南京的学校，不敢填上海的大学，就怕考不上，反而失去进城的机会。当时觉得能离开农村就很不错了。招生老师提醒我说："你上海人为什么不填上海的学校呢？"被他这么鼓励一下，我就换了上海医科大学，没想到最后我还真考上了！进大学的那一天我26岁了。（CY035）

知青本人或者家人有严重疾病，也是回城的理由之一。不少家长就利用各种关系，找城里医生开具疾病证明，以"看病治疗"的理由把自己孩子从农村调出来。虽然这样回来的知青还是要继续面对就业问题，但回迁的户口对找工作有所帮助。相比前两种方式，疾病证明是更容易想到的方式，也是缺少社会关系的家庭的唯一手段。

我生在新村，1966年"文革"时候就已经不怎么上学。1971年我去黑龙江插队落户做了7年的农民，1978以家庭困难为由回到上海。因为我一直没（在当地）结婚，所以回来方便些。1979年经人介绍，跟一个在江西的上海知青结了婚。他是钢厂工人，我们一直分居两地。1980年我有了孩子，就很希望他能调回来，但他们单位就是不放。直到后来我大病了一场，他才调回来的。那时候我们真的是没有关系呀，什么办法都想过。（CY020）

1. 在1977年恢复高考后的头几年，大学的率取率都非常低。比如1977年全国参加高考的人数为570万，录取27.8万人，录取率仅为4.9%；1978年报考人数610万，录取40万人，录取率为6.6%。（刘海峰，2012）

对于已经结婚成家的知青，尤其是那些与当地农民结合的“混合家庭”则面临更为困难的选择。因为即使他们通过上述办法解决自己在上海的户口和工作，也要同时考虑配偶的就业和孩子的就学，然而当时的政策并没有把这些问题考虑在内。这就意味着这些知青要在回城和家庭之间做出选择。事实上，很多知青离开农村回城的决心是如此之大，以至于宁可放弃当地的家庭。也有人利用政策的空子“假离婚”迂回解决问题。

我在黑龙江种了8年的地，因为家里也没有关系，当时觉得自己没希望回来了，就跟生产队的一个当地人结了婚。1979年知青政策放宽，那些单身知青或者夫妻双方都是知青的就可以回上海了，可我们这种情况按照政策是不能回来的。虽然在那边安家落户十多年，但从心底里说，我还是想回来。那怎么办，只有假离婚。离了婚，我跟孩子的户口先回上海，然后再复婚把老公的户口办过来，他要不愿意，也可以退休再过来的。还好我办得早，后来上海发现这个问题（假离婚），就改变了政策，多个孩子中只允许回来一个，很多知青家庭就这样被拆散。也有很多情况是，一方回到上海后却不同意复婚了，假离婚变成真离婚，新村里也有不少这样的家庭。（CY035）

新的困难（1980年代）

回城后的新村知青仍然面临各种困难，首先是就业问题。除了顶替父母获得工作的知青，其他年龄超过30岁限制或者父母已退休（无可供顶替的岗位）的回沪知青就不得不与同期达到就业年龄的城市青年竞争。回沪知青一般年龄较大，又缺乏技术，通常很难被国企录用，只能被街道工厂或待遇较差的集体企业吸纳，而那些没有单位愿意接收的知青，就只得做点小生意或长期待业在家。

我1952年出生在新村，家里有八个兄弟姐妹，我最小。我从小就不喜欢读书，高中没毕业就赶上上山下乡，去黑龙江种了6年的地。1975年回上海没找到工作，自己就做些水产和服装生意，1979年在街道人防办找了一份工作。因为我喜欢打牌赌钱，被居委会和派出所的人发现，到青浦（监狱）待了1年半，老婆为这个跟我离了婚。（从监狱）出来后，我在单位待得不舒服，1985年就辞职不干了。后来跟几个朋友做服装生意，开始赚了不少钱，但因为不会理财也都花掉了。1992年时生意难做了，我爸帮我在他的厂里找了份工作，但没几年厂子也倒闭了。后来就不再

找工作了，五十几岁，又是一个人，算了。爸妈走了（去世）以后，他们把房子留给了我，我现在就靠房租生活。（CY008）

其次，比就业更困难的是住房问题。即使顶替了父母的岗位，极少有企业可以为这些返城知青提供集体宿舍。很多年纪更大、资历更老的职工尚且分不到房，更不要说这些新来的顶替知青了。而其他进入街道工厂或者没有接收单位的知青，就彻底失去了住房分配的权利，他们只能与父母挤在新村面积狭小的住房内。这比下乡之前的情况更加困难，因为知青离家时是单身，归来时却已成家。12 ～ 16 平方米的房间往往要住 2 家人（5 ～ 6 口人），若碰上家里有尚未出嫁的兄弟姐妹，居住情况更是拥挤不堪。个别条件好的单位会给一些级别较高的老工人"增配"住房，但这种情况仍是少数。多代共居现象常常会引发家庭矛盾，所以知青在回沪前都必须事先考虑住房问题的解决办法。

我其他事情都不靠父母的，包括回上海都是靠自己朋友的关系。但是这个房子，只能靠他们帮助，没办法。别的都能解决，没地方住不行的。我回来时正好我二哥单位分了房子，他们一家刚刚从我爸妈家搬出去，否则我跟两个孩子真没地方住。孩子小还可以，但我儿子、女儿都上中学了，不能再睡一张床吧？我自己能找到单位就不错了，房子就没办法（自己解决）了，只能让爸妈委屈一点。（CY035）

再次，回沪知青还面临子女的户口与教育问题。部分知青子女随父母到上海后，往往相当长时间都得不到上海户籍（尤其是第二个孩子）。当时上海为了杜绝假离婚现象，只允许知青的一个子女回沪。很多知青担心回城政策变化，就不顾户口问题，先带孩子回去，造成既成事实。即使在 1980 年代政策放宽后，为了拿到孩子的出生证、未婚证等各种证明，知青们还要经常回到远在边疆的乡下办理（而这些边疆地区在 20 世纪 60—70 年代根本无法提供正规的出生证明）。由于政策不符或材料不全，很多知青孩子在上海长期没有合法户口，因此在教育、医疗等方面无法享受与一般孩童同等的待遇。知青在上海的兄弟姐妹也不会同意把知青子女的户口落在知青父母的房产上（尤其是待动迁的住房），因为当时上海的房屋拆迁补偿政策按户籍人数计算——户口上每多一个人，人均就会少分得一部分动迁费。为了能让孩子既能落户又避免家庭矛盾，很多知青事先与兄妹签订协议，保证迁入只为孩子的户口，而不会要将来的那份动迁补偿。

现在我家房子的产权是我老公的，户口上面只有我们夫妻和一个女儿。1988 年的时候我老公在新疆的姐姐跟我公婆说，想把她女儿的户口从新疆迁到我们家。当时我们没想到房子的问题，也就同意了。后来他弟弟也从新疆过来，要落户口，我就不同意。他姐姐答应说，等自己结婚买房后就迁出户口，作为她弟弟户口迁进来的交换，我想想算了。没想到去年他们妈妈新疆退休了，也要把户口迁进来，那我就坚决不同意。现在都说得好听，什么“只要户口不要房子”，到时候动迁就都来要了。（CY034）

一切都办妥之后，知青又发现他们的孩子在学习上与上海本地同学之间存在着差距。虽然“文革”期间，全国的教育质量都有一定程度的下滑，但边远省份尤其是农村和农场，与上海比起来仍有较大差距。知青子女必须要花比别人更多时间才能达到同等水平。

那边条件毕竟还是不行，我的孩子一个 13 岁，一个 15 岁，回上海的时候女儿念小学六年级，儿子念初一。因为那边教学质量差，女儿入学的时候，上海的学校让她留级念五年级，我儿子来的时候上初一，还没学过英语，可人家上海从小学四年级开始学，差了人家三年，上课一句也听不懂，没办法，我就花钱找华师大的学生给他补外语，每小时 20 块，否则跟不上的，连中学都毕不了业的呀。（CY035）

国企改革与职工下岗（1990 年代）

1970 年代末至 1980 年代初，新村知青陆陆续续返回上海，面对就业、住房和子女教育的压力，他们通过家人、同学、朋友，甚至知青伙伴的帮助逐步解决了这些困难。然而 1990 年代开始的国有企业改革再次将新村二代居民推向困境。

国企改革深层次的原因来自企业内部在生产和管理方面的问题。首先，计划经济和财政不独立影响了国企的生产积极性。企业每年生产什么、生产多少、利润上缴和留存比例等都由上级部门统一安排，与市场需求无关——企业在生产和革新方面的积极性难以调动；其次，冗员造成国企效率低下。1950 年代以来的国有企业不是追求利润最大化的生产单位，而是集政治、经济、社会管理于一身的多功能单位。新中国人口增长很快，工厂却增加不多，为了吸纳更多的城市青年就业，政府采取了“低工资高就业”的办法，车间一份工作往往设置三个岗位，加上管理部门人员多，影响了生产效率。1970 年代末大量知青返城，政府甚至要求单位采用包干制，负责解决本单位职工知青子女的就业问题——这使得冗员更加严重。而且大部分知青不具备必要的技术和生产经验，企业生产必然受到影响。

面对国企的严峻问题，1992 年以后上海市政府对国企采取了“关、停、并、转”[1]的改革办法。虽然各企业具体情况不同，但对新村居民来说，改革最直接的影响就是大量职工下岗。下岗与下乡一样，也是带有强制性的国家行为，个人没有选择的余地。这一次，不仅是回沪知青，连那些没有下乡的二代居民也没能躲过下岗的命运。

我 1967 年分配到公交公司，当时也是国企，还不错，进去工资就是 36 块。开始当售票员，3 年以后做科室干部。我 1996 年下岗了，当时单位里以裁减科室为由，让我们 45 岁以上的职工全部强制性提前退休，也不征求我们的意见，说退就退了。(CY001)

根据单位条件的不同，新村下岗职工的基本生活费多的有 500 ～ 600 元 / 月，少的只有 200 ～ 300 元 / 月。2000 年以后，市政府将最低收入提高到 800 元 / 月，2010 年又增加到 1000 元 / 月，困难家庭还可以申请 400 元 / 月的保障金。然而这些收入对于上海不断提高的生活成本是微不足道的。1990 年代末的医疗和教育改革后，个人需部分负担原本由单位和国家支付的费用，很多工人家庭的医疗开支相当大，子女上学也需要贷款或申请助学金。一旦遇到孩子结婚用房，更是捉襟见肘，新村工人家庭的生活陷入困境。

过去我爸妈都是工人，他们两个的工资可以养活我们 8 个孩子，虽然也不算富裕，但生活还是绰绰有余。我跟老婆都是工人，她下岗后工资 800 元，我 1000 元。我现在在外面还有份工作，我们全家每月的收入也就不到 3000 元。我女儿现在读大学，每年

1. 关闭、停业、兼并、转产。指 1990 年代以后在中国大陆的经济改革中，对亏损的国有企业给予的不同整顿方式。

学费、食宿、书本、交通、通讯等各种开销要 2 万元，平均每个月 1700 元。剩下的 1000 多元，我们三个人吃饭是勉强够的，但家里不能有人生病，不能有人结婚。(CY083)

我跟老婆身体都不好，是 1992 年第一批下岗的。1998 年正式办的病退（因病退休），工资每人只有 800 多。女儿有严重残疾，16 岁以后残联每月给她 1500 元，这样我们一家三口的月收入是 3000 元。现在大医院都太远太贵，我们只能去地段医院，劳动局给我们报销 50% 医药费。即使这样，我们三个人每年的医药费最少也要五六千。所以我们生活费蛮紧张的，我都等菜场收摊后去捡人家不要的水果蔬菜。(CY014)

大部分新村二代工人下岗时都有正在就学的子女，为了缴纳学费，他们须以 50 多岁的年龄再就业。但由于年纪大、文化水平有限、习惯“吃大锅饭”[1]，下岗工人往往缺乏必要的专业技能，很难被市场上的新公司聘用。虽然区政府和街道也组织了各种职业培训（再就业工程），但他们大多仍从事安保、家政、保洁等工作。当家中因子女教育或结婚需要钱时，他们会同时打几份工。一些健康欠佳的下岗工人只能依靠父母或向亲戚借钱度日。

下岗的日子里，我做过保姆，给一家有小孩的夫妇做家务。看孩子，还教一点小学功课，每小时才 5 块钱。遇上房间大的人家，每天要打扫，洗啊擦啊，从早做到晚，很累的。每天我都是给东家先做好饭，再回去做自己家的饭。(CY003)

2. 社会身份的丧失与家庭关系的重建

在第四章中，我们看到通过国家赋予、社会宣传和自我认同，新村第一代居民获得了“新村工人”的特殊身份，也为社会主义工人阶级在生产和生活场所树立了样板。新村第一代居民对政府的关照充满感激，以超负荷工作和无私奉献来回报组织。然而，第二代新村居民在经历上山下乡、返城、下岗等困苦后，则难

1. 大锅饭是对分配方面存在的平均主义现象的一种形象比喻。大锅饭包括两个方面：一是企业吃国家的“大锅饭”，即企业不论经营好坏，盈利还是亏损，工资照发，企业工资总额与经营效果脱节；二是职工吃企业的“大锅饭”，即在企业内部，职工无论干多干少，干好干坏，都不会影响个人工资分配，工资分配存在严重的平均主义。

以继续与国家的这种关系。特别是1990年代末的下岗潮，使他们不仅失去经济上的保障，还承受因社会地位下降带来的心理落差。他们始终无法理解，为什么父辈是令人尊敬的劳动模范、先进工作者，而他们却被迫上山下乡，艰难回沪后又从国企职工变成下岗工人。他们在心理上难以接受，也不愿让外人甚至家人知道在外面从事的工作，连他们的子女也不愿与同学提起父母的职业。

新村二代工人是如何看待自己与国家、单位、家庭之间的关系，又是如何重建自己的社会身份呢?

国家与个人命运

新村中大多数二代居民在谈到自己的经历时，都认为他们是“被耽误的一代人”。

我们这些人命不好，该读书时被下乡，回城时找不到工作，好容易有了孩子却赶上独生子女政策，快退休时又被下岗。怎么说呢，运道（运气）不好吧，没赶上好政策……我们这代人被耽误了。（CY071）

对于下乡，新村知青承认理想与现实存在巨大差距，然而大部分的新村知青对国家上山下乡政策本身表示理解。

（那时）国家也没办法，经济不好呀，城里也没（多余的）工作岗位。其实国家是给我们知青拨了款的，就是到了农村没落实。（CY063）

新村知青并不认为自己下乡所经历的苦难应当由国家来负责。当时全国的城市青年都下了乡，这种苦难遂被新村知青们理解为他们那代人无可避免的革命牺牲。虽然新村知青在选择下乡去向时会尽量避开生活环境恶劣的地点，但“响应国家号召”的牺牲精神在那个时代仍然被大多数人视为“最革命、最值得尊敬”的行为。

然而为了回城，知青必须与相关政策或明或暗地周旋，有时甚至需要以个人前途或家庭的完整为代价，如放弃边疆城市的工作和干部身份，与配偶离婚，与子女长期分离，牺牲父母的工作来换取自己在上海的工作，等等。不仅如此，他们在回城之后仍然要面对各种政策上的限制。新村知青遭受的困苦使他们产生“自己为国家奉献了青春，结果却被排斥在城市之外”的愤懑。一位新村知青带着她的一个孩子先回来，当她得知上海终于有了第二个孩子回沪政策之后非常高兴，但当她看到相关政策的时候又极度失望，因为政策规定的各种条件她根本无法达到。被排斥的感受在1990年代单位制解体的进程中又再次加深，种种遭遇让他们开始质疑新时期工人政策的公正性。

如果二代新村居民尚可用“革命激情”“有革命就有牺牲”来说服自己去面对“第一次放逐”（上山下乡），那么“第二次放逐”（下岗）就让他们难以接受。因为这一次并不是所有同龄人，而只是他们——工人阶级的后代，曾经的国企职工——失去自己工作的权利。他们不明白，为什么同是工人阶级的父辈在十多年前还是“社会主人”，而今他们却被迫放弃这一身份。

我是1992年下岗的。我一直想不通，为什么当年那么多工人忽然就莫名其妙地下岗了？下岗也没有相应的（保障）政策，就让大家先回去，当时真不知道该怎么办。突然没收入，我家人怎么办？医疗费找谁报销？（CY014）

第二代新村居民为国家建设做出了巨大的牺牲，却没有得到应有的关照，反而是那些过去被认为“不本分”“不守规矩”的生意人甚至是事业单位中年轻的办公人员也比他们状况好（回城之初他们还不愿去这类单位工作）。无论是与工厂领导，还是其他职业相比，收入上的差距刺激着新村工人。

现在收入两极分化很严重，1987年的时候是3.3倍，现在是25倍——这是报纸上登出的。企业老总一年拿500多万元，企业工人只有三四万元，一般公务员、教师的月薪有七八千，我们工人只有一二千元。这几年每个月的工资涨了100多元，可物价涨了十几倍。（CY059）

毛泽东时代工人家庭的生活虽不富裕，但在“平均主义”的背景下，他们的收入不算低，社会地位也相当高。新村二代居民下岗后的收入虽没有降低，但与上涨的物价或其他行业的薪资相比，他们便处于相对贫困的状态，又由于就业状况不稳定和缺乏社会保障，新村工人的生活质量大大下降。无论在政治、经济还是社会地位方面，他们都成为社会的中下层。更让他们难以接受的是，过去令人羡慕的无产阶级工人在今天却要靠政府救济。

与国家的紧张关系还体现在二代居民的身份认同。在访谈中发现，虽然下乡生活给二代居民带来很多困苦，但他们对“下乡知青”的身份并不抗拒，大部分居民提起当年的经历颇为自豪——知青成为他们的集体记忆和共同身份。从同一个地方回来的新村知青年年都要聚会，有条件的家庭还会带着自己的孩子回到当年下乡的地方故地重游。与此相比，他们对“下岗工人”的身份却很难接受。如果说这两个身份都是国家赋予的，那么他们对这两个身份的认同程度也清晰地反映了社会变革中新村工人与国家关系的变化。这也解释了为什么不少二代居民至今怀念毛泽东时代的父辈生活。

毛泽东时代“吃大锅饭”，工资都差不多，虽然不多，但人人都有活干、有饭吃。我现在下岗，除了领退休金还另找了一份工作，两边拿工资，但钱也不够花。我儿子没钱结婚，房子也没有，压力大负担重呀！（CY017）

新村工人与单位

对于新村第一代居民，单位在给予他们劳动模范和先进工作者荣誉的同时，也优先为他们解决了工资、住房、医疗等一系列的生活问题。而新村工人（劳模）也在单位中带头积极生产，服从组织安排，践行“舍小家为大家”的牺牲精神。同时，国企改革前国有企业的聘用制度基本上是终身制，单位工厂不能随意辞退职工，由于工龄问题，职工一般也不会辞职或申请调换工作，职业流动非常少见。从被招聘进厂到退休，工人们往往在一个单位度过他们三四十年的职业生涯，单位成为他们工作和生活福利的唯一保障，他们对单位的依赖和归属感也较强。

而二代居民在“返城顶替—下岗—再就业”的过程中，经历了频繁的职业流动。除了国营企业，他们中的很多人做过个体生意，进过集体工厂、外资企业，甚至政府部门。职业流动的增强使得他们对单位的认同感不如父辈那么稳定，生活的压力也使得工资、福利等实际问题（不再是工作表现）受到重视。而1980年代以来的国企改革使得企业领导在单位内部拥有更大的决定权，除了在生产管理、人事和技术职称评定等方面，工人和领导之间权力关系最显著的变化是单位福利分配上“一线工人”优先的原则（促生产）的改变。权力的过度集中容易造成对企业领导缺乏监督。1980年代以来国企领导侵犯职工权益的事情时有发生，新村二代工人只能通过各种方式来表达自己的不满。1990年代以后，单位对职工实行强制性下岗的做法，更是让新村二代工人失去了对单位的物质依赖和精神归属。

80年代以前厂里的风气还蛮好的，后来就不行了。拿分房来说，我们是个一千多人的老厂，每次分房只有2～3套房，都是单位从每年利润中拿出一部分向房管所买的。开始分房是没有通知的，等我们知道已经分完了！后来大家要求公开信息，单位才组织了一个5～7人的“分房小组”，……单位的住房困难户多的是，我自己就住了十年的石墨车间，每次向单位打报告申请，他们都答应，但从来不兑现。

我不懂国家政策，但我想不通，为什么国营企业一下子全倒闭了，多少企业就这么关门了？……头头们都变成老板了，让工人们下岗回家，过去可没有这种事，那时候工人当家做主，我们一线工人加工资、分房子都是摆在前面（优先）的。(CY014)

家庭关系

靠近工业区的曹杨新村是为工业生产服务的，方便工作的同时也减少了新村工人照顾家庭的时间。虽然新村一代工人的职业和居住状态是稳定的，但家庭关系却呈现一种松散的状态。特殊的经历使得二代工人在家庭关系方面出现了新的特征：

（1）**家庭结构碎片化**。在20世纪50—70年代的知青下乡运动中，无论男女，15～18岁的初高中毕业生都必须下乡。虽然自1970年代开始，因考虑到年纪大的父母需要孩子照顾等因素，上海规定每个家庭允许留一名子女在身边，但“留一个”的政策，在多子女家庭的内部却产生了更多的矛盾：在决定“谁走谁留”的问题上，兄弟姐妹之间往往发生争执；有些下乡子女则要求父母每月寄一定的生活费以补偿他们为家庭做出的牺牲。这些16～17岁的知青在度过了十多年的农村生活之后，往往在30岁以前仓促成家。有的是和同去知青结合，有的则为了改善生活条件与当地农民结合。后者意味着彻底放弃了回城的希望，在农村安家。然而1970年代末开始的回城潮，又使得这些混合家庭纷纷离婚或者放弃孩子回到上海——两地分居造成家庭破碎的情况十分普遍。同时，知青回到新村以后，因为没有住房，他们只能与父母和留在新村的弟妹同住，于是赡养老人和继承父母房产的问题又成为新的家庭矛盾。下乡的孩子认为自己做了牺牲，而留在上海的孩子认为一直是自己负责照顾长辈，更有资格继承父母的财产。兄弟姐妹之间因为使用父母住房而引起分歧一直是新村家庭纠纷的主要原因。

(2) **家庭互助**。家庭成员的空间分离和结构碎片化也一直伴随着成员之间频繁的互助行为，特别是在他们回城和下岗以后。由于没有稳定的职业和可依附的单位，又缺乏社会保障，家庭支持就显得格外重要（这种家庭支持既存在于父母之间，也来自于兄弟姐妹）。互助有经济方面：例如知青插队落户时候家里寄钱，对下岗家庭成员的经济支持，对退休父母的财物赡养，等等；有相互介绍工作机会：如父母提前退休让孩子顶替自己的岗位，留在上海的弟妹帮助回沪的哥姐找工作，下岗以后再就业等等；还有日常生活上的互助：如解决住房、户口、子女读书的问题，以及帮忙照顾家里老人，等等。此外，精神慰藉也是家庭互助重要的内容。

> 1996 年下岗一开始，我一点工资都没有，后来才给了 200 多，接着 300 多。我当时的心情非常差，成天想着这个家怎么办，怎么能撑下去，女儿还在读书，老公的工资也只有几百块，我们年纪也大了。真的，当时真的很怕，不知道该怎么办。我妈妈偷偷给我大姐打了电话，我大姐在第一时间，下了班就从龙华赶回家，当时她自己的身体也不好，她跟我说“没关系，我们都是一家人，我们有饭吃你就有的吃，我们喝粥你也有。姐姐们不会丢下你不管的。”她走的时候塞给我 500 块钱，说是送给我的。我当时眼泪就下来了，这个事情我记一辈子，爸爸去世得早，大姐对这个家的作用太大了。(CY011)

家庭成员之间频繁的互助加强了家庭团结，也形成一个有趣的现象：毛泽东时代新村工人的家庭结构稳定，但家庭关系相对松散（劳模工人对家庭的照顾十分有限），而 1980 年代以后家庭结构碎片化却形成紧密的家庭网络。这一矛盾现象可以从“国家—社会”的分析框架中去理解。在 1949—1978 年的社会主义改造与建设中，国家和单位在安排新村工人的生产和生活方面扮演了重要角色：国家和单位号召新村工人们“舍小家为大家”“先生产后生活”；鼓励妇女们走出家庭，参加社会主义生产；动员新村青年积极下乡、“到广阔天地中大有作为”——国家通过“单位”（工作地）和“新村”（居住地）两种途径，把工人从传统的家庭生活中分离出来，个人和家庭被集体主义的生产生活所替代。而 1970 年代末的知青返城、1990 年代的单位解体和工人下岗，国家和单位的突然撤出使得新村二代工人们不得不求助于原有的家庭资源。虽然这种资源也相当有限，但家庭毕竟填补了单位制解体造成的生活资源的匮乏。这种关系的变化显示出新村工人是如何通过调整个体和家庭行动策略来回应国家政策的变动。

（3）**代际差异**。社会环境的变化对家庭关系的影响还表现在两代人价值观的差异。尽管新村一代工人也意识到地位的下降和遭受的不公平待遇，但他们认为这是社会发展和现代化进程中必要的“牺牲”，他们相信国家会逐渐解决这些问题。因此，尽管已经退休，但新村的老工人们还是积极参与街道和居委会组织的各种活动，配合他们搞好社区管理工作。对于子女的抱怨，他们认为年轻人把过去一些优良传统丢掉了，不讲奉献，不关心国家和集体，工作缺乏负责心，只注重个人享受。

旧社会好多不良习气到解放后都没了，可现在又回来了。你看到处是棋牌室，年轻人玩一下子几百几千块，我们就看不惯……过去我们在单位每周有好几天的政治学习，新村也组织我们每周读两次报纸，叫“汏脑子”[1]。以前没有电视机，有国家指示和政策通知的时候，街道和居委会就组织我们去文化馆一起开大会。现在的居民也不关心，国家的事情也没人知道，年纪大的就是搓麻将，年轻的就是赚钞票。现在的人只想钞票，爹娘都不要了，道德品质一塌糊涂，也应该去“汏汏脑子”。(CY039)

而苦难经历让新村二代工人认识到，面对社会环境的变化，一切还是要靠自己、靠朋友。他们认为，父辈那一套服从、奉献的价值观已不适应今天的社会了，奉献在今天就意味着吃亏。父辈已经不了解新的社会规则了——生活经历和观念上的差异造成代际之间日常行为的分歧。

我爸是老革命，他“思想好”。那时候他在单位什么都让，分房子让，加工资也让。他说自己是领导，要以身作则，有困难的人很多，要先人后己。电话机本来是由单位给我们装的，但我爸不要占国家的光，由自己出钱装。

我的婚姻也与他“思想好”有关：那时我在黑龙江乡下很苦，我有个在北京做官的叔叔想把我调到北京的兵工厂工作，但我爸不同意，他觉得我在乡下接受的贫

1. 上海方言，意为开导、说教，此指进行思想教育。

下中农教育还不够，手上还没磨出老茧。因此我赌气跟当地一个农民结了婚。你不是不让我回来吗？好，我就在农村成家。

1988 年我从黑龙江回来以后住我爸这里，但房子太小，我想把顶楼“升上去”[1]，他不同意，说是违章建筑，影响不好，为此我们又争了很久。后来我儿子女儿年纪大了，不能睡一张床了，2000 年我让妹妹把他接过去住了几天，趁机把三层升上去了——不理他。他胆子小（不想加盖阁楼），可是住不下怎么办？再说，别人都升上去，为什么我们不行？（CY035）

3. 回归社区生活

对新村的依附

如果说第一代工人对新村的归属感来自于对“新村工人”的身份认同，那么二代居民则更加看重新村 60 年形成的社区资源，尤其是在单位制解体和失去工作岗位之后，缺乏经济和社会资源的二代工人只能依靠家庭和社区网络来维持他们的日常生活。这些社区网络包括亲属、单位同事、邻里提供的生活帮助和就业信息，新村周边价格便宜的生活服务设施（菜场、餐馆、理发店、浴室等），以及 1990 年代后期在新村兴起的各种互助组织（如癌症协会、宗教团体）。对新村的依附阻碍了他们通过搬迁来改善生活条件，当然他们也没有更好的选择，因为高额的房价使得绝大部分居民只能留在新村，而那些离开的居民仍然在户籍和家庭关系方面与新村保持密切的联系。

与此同时，新村也成为单位制解体之后，政府对下岗工人进行管理和服务的唯一渠道。如前文所述，作为与“单位”平行的社会管理空间，50—70 年代的新村主要通过居委会来对居民进行组织和动员：组织工人家属参加读书、读报、集体生产等活动；动员家庭妇女参加街道工厂生产；动员知识青年上山下乡等。“文革”结束以后，新村管理中的政治功能减弱，服务功能加强，居委会的主要任务是解决回沪知青的就业和住房问题。1990 年代后期的单位解体把大量的下岗职工推向社会，上海市政府提出了“社区建设”的口号，即把社区（居委会）作为救助下岗工人家庭的重要机构：回沪子女入学、救济金发放、再就业培训、联系用人单位、

1. 新村的顶楼居民把自己加建阁楼的做法称为“升上去”。

独居老人的照顾等都成为居委会新的职能——这进一步加强了工人家庭对新村的依赖程度。

对住房的依附

住房也是工人家庭对新村产生依附的重要因素：新村知青回沪首先要考虑就是父母家有没有可以落脚的住处，有了落脚处才能申请城市户口，而户口又是子女就读的必要条件。新村回沪知青能否与兄弟姐妹避免纠纷，保持家庭关系的融洽也取决于对住房的安排。即使在今天，住房仍然是新村工人最大的顾虑和最重要的资本。顾虑是指，由于全市房价的快速上涨，大多数工人家庭没有条件为第三代子女在新村外购置新房，因为没房子而推迟甚至无法结婚的新村青年并不少见，住房成为工人家庭巨大经济和心理负担。资本是指，随着新村周边公交、地铁和商业设施的完善，新村老工房也在不断增值，房产成为居民手中最后的资本，甚至是改善全家生活水平最后的希望，特别是对动迁的期待。而良好的商业氛围和便利的交通条件也使新村在2000年以后吸引了大量的外来务工者，房屋出租也是新村工人重要的经济来源。

小结

在物质匮乏、城市建设缓慢的20世纪60—70年代，曹杨新村的演变更多是通过社会结构的调整而非空间拓展来实现的。本章通过梳理新村第二代居民上山下乡、返城、下岗的经历，详细考察了他们在动荡年代，因为下乡而失去城市身份，因为返城而家庭分离，因为就业、住房、子女教育问题而面临融入城市的困难，以及因为下岗而面临贫困的威胁——新村第二代工人一步步丧失了父辈们曾经令人尊敬的社会身份。但同时，国家与单位庇护的消失又促使新村工人重返社区与家庭生活，通过地方性资源的利用，在后单位制时期确立自己与国家和单位的全新关系。

下篇

社会转型中的工人新村

1990 年代后

第六章
居住流动与社区融合

截至2010年，曹杨一村共有户籍数1918户，户籍人口5670人，实际居住人口约4500人，其中外来人口约1800人（占40%）。[1]大量的外来人口是居住流动的结果，[2]这种“流动”主要体现在2000年以后新村出租房数量的增加。早期的经济学和人口统计学认为，居住流动是个体和家庭在预算约束条件下，追求效用最大化的过程，收入水平、家庭财富和住房价格等经济因素是影响居住流动的主要因素。[3]1970年代以后，地理学家和社会学家发现，居住流动还与社会地位、生命周期、家庭规模、代际关系以及婚姻状态等非经济因素有关。[4]对“流动”的定义不再限于地理位置的改变，“居住状态发生的任何稳定变化”都可以视为一种流动。法国学者在1990年代对城市家庭的调查中发现，居住流动在“社会—家庭—个体”层面上主要存在着三种形式的变化：①地理位置迁移——与职业和收入一样，住房也是一种社会身份的体现，“住房在城市中的位置以及空间变动”是社会分层和流动的反映；[5]②住房空间的改造与再利用——对居住空间的调整和再利用是家庭发展的阶段性需求：结婚、生子、离婚、退休、继承等家庭变动往往伴随着居住空间的分割、重组和扩大；[6]③住房占有方式的变更（购买或租赁）——

1. 曹杨一村居委会2010年档案材料
2. 段成荣等，2006：70–76
3. Henderson et al.，1983：98–113
4. Morrow - Jones，1988：1165–1184
5. Brun，1990：299–311
6. Festy，1990：231–252；Thomsin，2005：19–42

购买住房需要动用大量的经济和社会资源，是重要的家庭行动，获取“业主身份”也是个体与社区之间确立定居关系的关键步骤。[1] 可以说，“居住流动”是个体与家庭在“摆脱原有的限制和受制于下一个限制”之间的一种妥协，它体现了流动者在动用资源能力上的差异，也成为观察“个体与社会结构、限制与选择、目标与行动”等空间与社会关系的理想工具。[2]

1. 居住流动的背景

1990 年代末以前的单位制社区

受社会主义国家初期经济条件的限制，曹杨一村住房采用了低标准的合用设计：每排住宅由 3 ～ 4 个居住单元组成，每单元 2 层，每层 3 户人家，其中两家为一室户型（12 平方米）（图 3-16），一家为一室半户型（18 平方米），三家合用一间公共厨房（6.6 平方米）。新村居民大多是在纺织和五金等行业的先进工作者和劳动模范。他们在家庭出身、工作单位、经济收入和政治身份等方面都具有较高的同质性，居住状态也具有典型的单位制特征：房屋产权归国家所有，由单位分配使用，居民每月交纳低额的房租，房屋的维修和管理由房管所统一安排。在这样的体系中，住房在地理位置、空间改造和住房权属三方面发生变化的可能性很小。首先，产生居住流动的主要成因之一——职业的自由流动在单位制背景下难以发生；[3] 其次，20 世纪 50—60 年代新村工人的人均居住面积不到 4 平方米，一间十几平米的房间往往要解决一家 5 ～ 6 口人的居住问题，狭小的住房无法提供空间分割的可能；最后，工人住房是以“公房租赁”的方式分配给职工家庭的，职工只有使用权，而所有权以及转租、调换等其他权利都属于单位。这种特殊的住房占有关系实际上是国企改革前职工对单位依附关系的一种体现，属于单位制在居住地的延伸。

---

1. Bonvalet et al.，1990
2. Grafmeyer，1994
3. 在国营企业中退职极为少见，因为国家只给个人分配一次工作，若是离开福利好的国营企业，便几乎不可能再找到待遇相同的工作，只能在集体企业找工作或干临时工。而且根据国家劳动保险条例，退职后过去的工龄也不再有效；申请调换工作也很少见，除非在绝对必须的情况下，这类申请基本得不到领导的批准；即使是在工作有了着落、单位也同意的情况下，调换工作也有可能被卡在户口制度上。（Walder，1986）

1990 年代末以来的社会变革

1990 年代以来，以国有企业改革和住房商品化为代表的一系列社会变革对新村“单位制”的居住状态形成了前所未有的冲击。

（1）国企改革与下岗。1990 年代中期，上海国有企业改革引起大量职工下岗，以纺织、五金等劳动密集型产业工人为主要居民的曹杨一村更是受到了严重影响。根据居委会的统计，截止 2010 年，新村工人的下岗失业率（处于就业年龄段）已经超过 80%。[1] 大面积的下岗意味着工人与单位之间的依附关系发生了严重的断裂。按照居民自己的话说，“厂子都停产关闭了，厂房和地皮也卖作他用。现在的工资是劳动局发，医药费找再就业中心报销，我们跟原单位没什么关系了，连人都找不到了。”（CY014）虽然新村工人的下岗情况各有不同，下岗方式 [2] 也有差别，但工人从单位被推向社会是不争的事实。单位制的突然解体打破了国营企业原有的各种福利制度，给工人家庭的生活带来一定的威胁。但同时，工人也从单位制的全面控制中游离出来，进入相对自由的职业市场，居住流动的第一重限制——工人对单位的依附关系被打破了。

（2）住房商品化改革。与此同时，作为单位制组成部分的“福利住房”制度也在 1990 年代末开始改革。1998 年的住房商品化改革明确规定，作为单位公房的承租人，职工可以向单位购买房屋产权——这使得公房权属的改变成为可能。尽管曹杨一村的住房由于“厨卫合用，公摊面积无法进行产权分割”等原因不具有明确产权，但在 1990 年代末开始的“公房私购” [3] 浪潮中，这种“部分产权房”也可以在房地产市场上交易和买卖，有条件的居民仍然向单位购得了这种“不完整”产权，而没有能力购买的工人家庭也因为单位的解体和长期居住的事实被房管所

1. 此处的“下岗失业率”指在就业年龄段（18 ～ 60 岁）中下岗人数的比例。虽然缺乏准确的资料，但是通过曹杨一村居委会 2010 年失业救济金的发放记录可做大致推算。根据这一记录，新村目前有失业人员 178 人，无业人员 455 人，协保人员 125 人，共 758 人。根据就业援助员估计，还有相当数量的再就业下岗工人不属于救济范围，也就是说一村的实际下岗失业人数将近 1500 人。而一村除去 60 岁以上和 18 岁以下的非工作年龄段人数（约占 35%），2010 年的实际居住人数（本地户籍）约 1750 人。由此推算，新村工人家庭的下岗失业率超过 80%。
2. 根据年龄和单位状况，新村工人有内退、协保（协议保留劳动关系）、买断等不同的下岗方式，他们在退休金、医疗保险等方面的情况也各不相同。
3. 1994 年颁布的《国务院关于深化城镇住房制度改革的决定》规定，城镇公有住房，除市县以上人民政府认为不宜出售的以外，均可向城镇职工出售，购买公共住房坚持自愿原则并优先出售给住房困难户。

默认拥有长期使用权。住房商品化改革实质上赋予新村居民“处置自住房”的权利。住房不再是单位租给职工的一种福利，而是居民可以租赁和买卖的商品，居住流动的第二重限制——居民与公房之间的依附关系也发生了松动。

（3）**社区移民化的趋势**。如果说单位制解体和住房商品化改革为居住流动提供了供给方面的可能，那么，大量涌入上海的移民则为居住流动提供了需求方面的可能。根据居委会统计，曹杨一村的外来人口比重从 1996 年的 0.9%（46 人）上升到 2010 年的 40%（1800 人）。尤其是 2000 年以后，每年平均增长速度高达 27%，新村移民化进入了一个异常活跃的时期（表 6–1）。

这些移民包括上海籍流动人口（约 600 人，占 30%），外地籍移民（约 900 人，占 50%）以及特殊移民（回沪知青约 250 人，占 13%；半家户[1]约 120 人，占 7%）。除特殊移民，绝大部分的外来居民都需要在新村租房。在总人口基本稳定的情况下，这些增加的外来人口意味着有相当数量的本地居民也正在快速地离开新村。表 6–1 中“出租户”与“户在人不在”数量的变化可以看出这种趋势。可见，曹杨一村的移民化不是外来人口单方面的“侵入”，而是由本地居民的“流出”与外地居民的“流入”共同完成的。

除了数量的快速增长，流入的外来居民在人口构成，特别是年龄和职业构成方面与原居民也存在着较大的差异（表 6–2 和表 6–3）。

数量上的统计大致反映出移民化过程中新村人口结构性的变动，进一步的问题是：本地和外来居民的“流出”和“流入”在家庭层面是如何发生的？不同类型的家庭为什么要流动？他们选择了怎样的流动方式？流动的形成需要哪些条件的支持？流动后的新老居民生活又在哪些方面发生了变化？接下来的分析将通过实地调查，对本地和外来居民两个群体在居住流动的成因、方式、条件三个方面的机制及其结果（社区融合）进行进一步的解读。

1. 指与本地居民结婚的外来居民。根据 2010 年的政策，他们在婚后 10 ～ 15 年才有资格申请上海户籍。

表 6–1 曹杨一村历年人口统计（1996—2010 年）

年份	户籍数	户籍人数	户在人不在[1]	出租户数	实际人数	外来人口数	外来人口比例 *
1996	1842	5616	474	—	5142	46	0.9%
2001	1841	5471	701	107	4902	232	4.7%
2006	1882	5581	2443	378	4395	1257	28.6%
2010	1918	5670	2970	511	4500	1800 †	40.0%

数据来源：曹杨一村居委会档案

* 为了解社区居民的异质化程度，此处的“外来人口比例”是指外来人口数占实际人口数的比重，而非占户籍人口数的比例。

† 此值为估算。2010 年 3 月派出所对曹杨一村流动人口进行了调查，其中登记在册的外地户籍人数为 917 人，上海户籍为 618 人，考虑到至少还有 20% 隐性外地籍居民没有接受调查，调查员估计曹杨一村的流动人口总数大约在 1800 人左右，占实际居民总数的 40%。

表 6–2 本地户籍与外来居民的年龄构成（2010 年）

年龄段	本地居民		外来居民	
10 ～ 21	922	18.5%	52	5.0%
22 ～ 40	1223	24.6%	623	60.2%
41 ～ 60	1875	37.7%	307	29.7%
61 ～ 80	889	17.9%	45	4.3%
>80	64	1.3%	8	0.8%
总数	4973	100.0%	1035*	100.0%

表 6–3 本地户籍与外来居民职业结构特征（2010 年）

年龄段	本地居民		外来居民	
工人	2495	50.2%	379	22.3%
职员	776	15.6%	234	13.7%
干部	82	1.6%	17	1.0%
服务	195	3.9%	726	42.6%
学生	899	18.1%	135	7.9%
无业	526	10.6%	212	12.4%
总数	4973	100.0%	1 703*	100.0%

数据来源：曹杨一村居委会档案及调查结果

* 两次统计中的外来人口总数相差 600 多，是因为职业统计中加入上海籍外来居民人数的缘故。

1. 户在人不在有两种情况：一种是新村外的居民通过买房或直接把户口落在亲属家而获得新村户籍。另一种是搬迁离开新村的居民仍然将户籍留在村内。这些情况都与子女上学和动迁预期有关。

2. 居住流动的机制

2010年6月，我在曹杨一村选取了44户居民（25户本地居民，19户外来居民），对其居住流动的情况进行深度访谈。25户本地居民包含了新村的三代居民：退休老工人8名、下岗工人14位和第三代居民3名。19户外来居民的选取也尽量覆盖了不同年龄段、职业和教育程度的移民（表6–4）。

流动的成因

（1）本地居民。新村移民化现象首先出现在新村工人家庭，他们的"移出"主要有三种原因。

首先是因为经济条件和社会地位的改变。曹杨一村有着光辉的历史，那时的工人以住新村为荣，但是随着1980年代以来上海住房建设速度的加快，传统的工人社区无论是在房屋质量还是配套设施方面都明显落后了。尤其是近年来在新村周边大量出现的高档商品房小区更是造成居民巨大的心理落差。新村居民非常清楚，这样的住房条件目前在上海算是相当差的。不少居民认为，"混得好的都搬出去了，不会留在这种地方。"在他们看来，住房的改变是经济条件改善的结果，能够在外面买了房子搬出去就肯定是"赚到钱了"。然而，实地调查显示，搬出去的居民中虽有一部分是通过做生意、炒股等方式获得经济和社会地位的提高，但也有不少经济条件下降的工人家庭流向更为恶劣的居住状态。可见，居住流动背后的社会流动并不总是上升的。

表6–4 曹杨一村44位受访者基本情况（2010年）

受访者	年龄结构			教育程度				职业状况					
	<40岁	40～60岁	>60岁	文盲	初中	大专	大学	保洁	个体商贩	公司职员	退休	下岗	待业
本地居民（共25人）	1	13	11	6	7	12	0	0	0	0	8	14	3
外来居民（共19人）	7	10	2	3	7	8	1	4	4	2	2	5	2

我是 50 年代新村第一批居民，在十多年的一线生产中，年年都是先进。1966 年组织上培养我做了区里的干部，80 年代初政府给我在徐汇区分了一套三室两厅的房子，我就搬出去住了。（CY095）

1996 年我下岗了，身体又不好，在家整整闲了十年。那时我的工资只有 400 多，老公也只有 1000 多，女儿在读书，我们一家三口的生活很紧张。2006 年公公婆婆相继去世，我们就把房子租掉，在附近租了更小的一室户三个人挤，靠两边的差价赚点生活费。（CY034）

其次是因为家庭扩展与家庭关系的变化。家庭生命周期与内部代际关系也是形成居住流动的内在原因。在一个有 60 年历史的工人社区中，住房面积狭小是无法更改的事实。随着家庭的扩大，人多房小的矛盾必然会造成家庭关系的紧张，这种紧张也迫使居民采用各种行动来改善居住状态。

我的 5 个孩子在 60 年代上山下乡的时候下去了 4 个，70 年代末他们都回来后，住房就成了大问题。这里最多住过三家 10 口人，太挤了，我们就把楼上的屋顶打开，自己搭建了一层。但还是不够。最后是单位增配了两套一室户的房子，我的两个儿子才出去。（CY028）

最后是因为邻里纠纷。曹杨一村不像今天的商品房小区，关起门来就可以跟邻居不发生关系，老式工房是“三家合用一个厨房间”，邻里关系不可避免地成为日常生活的一部分。这种强调集体生活的住宅设计在单位制社区中问题并不突出——但在今天本地与外来居民大量混居的情况下，缺乏私密性的设计往往会引发生活矛盾。

我出生在一村，在这儿生活了五十几年，搬出去也是没办法。老邻居都搬走了，新来的两家房客特别不讲卫生，厨房厕所给他们弄得脏死了，真的受不了。加上去年隔壁发生一起入室盗窃案，我决心搬出去。（CY003）

留在村里的老居民，有些是上了年纪不想离开熟悉的环境，有些虽然想搬，但受各种条件的限制，走不了。

这里条件是差了一点，不过我们年纪大了，这里周围毕竟我们都熟悉，新的地方也不习惯。我的几个孩子也都住在附近，走动起来便当一些，我们夫妻俩在这里混混算了。（CY039）

以前这里叫劳模村，很多劳模和区里干部都住在这儿，名气很响的。后来有了更好的房子，人家都搬出去了。你看周围这么多新房子，就这里还是破房子，全上海也不多了。条件稍微好一点的都出去了，年轻人也不要住在这里，房间太小没法成家的，我要有钱也早搬了。（CY063）

（2）**外来居民**。对外来居民而言，离开老家的理由主要有两个。首先是“家乡穷，来上海找打工和赚钱的机会”。

我是安徽来的，我们那里年年发大水，地里的土豆也吃光了，大家都出去讨饭，我不愿意就自己一个人跑到上海来了。（CY077）

我老家在苏北农村。家里穷，父母两个人每年顶多赚一千多块，我们那里结婚起码要 5 万块，指望他们连媳妇都娶不上，我肯定要出来的。（CY065）

其次是“向往大城市生活方式”。

我们乡下的人都不种地了，都种够了！年轻人没人愿意待在乡下，都出来了。开始我跟表姐在镇上做服装生意，现在跟她一起到了上海。我喜欢在上海逛街、看电影，在乡下没意思。（CY044）

我在乡下读书的那会儿，周围的同学都很向往上海，那时能来一次上海，开心得不得了。毕业的时候正好有家上海服装厂招工，我就报名过来了。（CY082）

对于来上海以后为什么选择曹杨一村，大部分外来居民的回答是“工作好找”和“房租便宜”。

这儿房子一般，不过是附近最热闹的地方，我们做小买卖的，人多生意才好做。隔壁住的几个都是在这打工的，餐馆、医院、发廊，什么地方都有。房租便宜啊，条件差点我们外地人也无所谓。（CY042）

流动的方式

根据居委会统计，截至2010年6月，曹杨一村中搬出并将房屋出租的居民有511户；有房屋改造行为（占用天井、院落或搭建阁楼等）的有大约700户；购买了房屋使用权的居民大约有200户。这显示出居住流动的三种方式在曹杨一村都有不同程度的存在。

（1）**搬迁**。是新村里本地和外来居民最普遍的居住流动方式。截至2010年6月，曹杨一村1 918户新村家庭中发生搬迁行为的接近50%（包括全家搬出和部分家庭成员搬出），其中绝大部分迁出家庭的首选地还是在曹杨附近的社区——空间上的临近便于分居的家庭成员之间相互提供帮助和照顾。考虑到孩子读书和将来动迁的可能，流出居民一般会把户口留在新村，形成所谓“户在人不在”的状况，他们无论在空间关系、户籍还是家庭网络方面都与原新村保持着紧密的联系。

90年代以后我下岗了，但爱人单位效益不错，给他在闵行分了一套两室一厅的房子。本来打算给儿子做婚房，但他嫌太远不方便，2003年我们就把那边房子卖掉，贴点钱在这里马路对面一个小区给儿子买了房子。现在我们自己还是住这里，儿子媳妇就住在对面，平时大家可以相互照顾一下。（CY030）

外来居民的搬迁往往与自身的工作状态有关，尤其是从事个体经营或新型行业的年轻打工者受外部的环境影响很大，工作的不稳定和房东租房计划的变更都会导致他们流动。与本地居民相比，缺乏家庭支持的外地人也没有照顾家人的负担，因此他们的流动频率一般比较高，流动范围也比较大。

我来上海六年了，开始在闵行一条街做，生意还可以，后来因为道路拓宽，我们就被赶走了。我父亲骑着自行车在上海一个区一个区的转，开始在杨浦区，生意不好，又搬到火车站附近，还是不行，两年前才来到这里。这儿人多热闹，房租也相对便宜，生意还可以。（CY066）

（2）**住宅空间的改造**。经过六十多年的发展，几乎所有的工人家庭都对狭小房屋进行了不同程度的改造：底楼居民往往占用院落和天井辟为浴室甚至房间（图6-1），顶楼居民会突破屋顶、搭建阁楼（图6-2），中间层居民则尽量抢占走道

图 6–1　被占用的院落与天井
来源：杨辰，摄于 2009 年

图 6–2　顶层的阁楼
来源：杨辰，摄于 2009 年

图 6–3　被侵占的走道
来源：杨辰，摄于 2009 年

和储藏室等公共空间（图 6-3），个别困难的家庭甚至会在不大的房间内再分隔出更小的房间。这些改造一般都是为了满足多代同居生活而采取的非常手段，多属于违章搭建。

80 年代初的时候，新村里有个老阿姨跟两个儿子同住一套一室半，小儿子从江西插队回来先结的婚，跟媳妇住大房间。妈妈跟大儿子住小房间。等到大儿子结婚，大媳妇不愿意跟婆婆住一间房，就把大房间一分二，两个儿子一家一半，婆婆住小房间。但是后来有了孩子，实在住不下。才把屋顶升上去搭了阁楼。当时街道是不允许的，但是我们居委会看他们确实太困难了，也就没管。（CY069）

外地居民的家庭规模一般没有本地居民那么大，对房屋改造的要求也不那么迫切。而且，房子不属于他们，他们既没有房屋改造的权利，也不愿意在这方面花钱。虽然在新村居住超过 5 年的外地人很多，但是由于工作和居住状态不稳定，他们从来都只把这里当成一个临时住所，连简单的装修改造也不愿意投资。

我在这里是照顾我女儿一家生活的。他们在外面打工不容易，工作也不稳定，我跟着他们 5 年当中搬了 7 次家，房子的事情一直很麻烦。你看我这墙皮都脱落了，家具也很简单，大的几样都是女儿从公司搬来的，凑合用用，我也不想买新家具。虽然住了 5 年多了，但我总觉得等外孙长大点我就回去了，所以装修的事我从来没想过。（CY004）

（3）**房屋权属的改变。**房屋权属的改变主要是指，居民通过购买产权改变租赁身份。房改以前，虽然绝大部分的工人家庭在新村都有超过几十年的居住史，但从住房权属上讲，他们跟外来居民一样，也是租房身份。当 1990 年代末曹杨一村的住房使用权政策开始出现松动的时候，马上有居民意识到，这将是一个改善居住条件的机会（图 6-4）。

我很早就盘算房子的问题了，因为我儿子有残疾，没房子将来肯定讨不到老婆的。1996 年我下岗，2003 年我爱人下岗，但是我们从 1992 年就开始做股票和保险，攒了一点钱。2002 年隔壁两家老邻居正好都要搬走，我们当时虽然钱不够，还是向

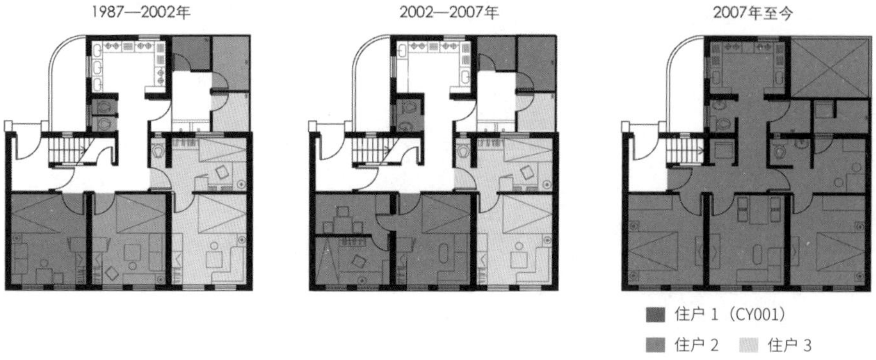

图 6-4 新村住户住房变迁
来源：邓欣和、诸欣亦绘制

几个亲戚朋友借了钱，最终以 15 万元拿下隔壁两间。这样我们自己住得舒服，将来儿子的婚房也解决了。（CY001）

1998 年开始的房改也同时是国有企业职工大面积下岗的时期。当时的使用权出售价格（一室或一室半为 5 万～ 8 万元）对于受下岗冲击的工人家庭来说仍是一笔不小数目。尽管后来有些工人找到了再就业的机会，但房价的上涨速度远远超过他们收入的增加。[1] 房价的快速上涨让不少居民后悔错过了买房的最佳时机：

要知道房价涨这么快，当时就是借钱也要买啊！那时没买，以后就更不可能买了。（CY034）

当然也有居民对购房行为持怀疑态度，对公房私购的发生表示了自己的不理解。

我也搞不懂，为什么以前的房子都是单位分的，现在倒要买了？单位的房子怎么可以卖给私人呢？（CY014）

也有居民表示不愿买房。

1. 从 1998 年到 2010 年 12 年间，工人每月的工资只增加了几百元，而新村一室户使用权的市场价从 5 万元涨到 50 万～ 60 万元。（曹杨新村房屋中介资料，2010）

就是有钱也不会买这里的房子，因为太小、条件太差了。（CY007）

买不买都一样，不买照样可以出租、过户，价格一样的。我住在这里房子就是我的，几十年的居住事实总不可能不承认吧？顶多是动迁的时候少补偿一点。他那个产权还只是 70 年的，我这里可以一直住下去。（CY005）

转型期的中国住房制度在城市社区内部形成极其复杂的房屋权属关系，这些关系也深刻地影响着居民的居住行为。

新村外地居民对房屋权属的问题表现比较冷漠，一方面是价格原因，但更重要的是，“不成套住宅使用权的出售只面向上海籍城市居民”的政策将他们排斥在住房权属之外。也就是说，购买使用权之前他们必须先在户籍上成为上海人——这对于外地居民来说是比购买房屋更加困难的事情。

我在新村也住了十几年了，别看这房子挺旧的，都涨到 50 万～ 60 万元了，还不能卖给我们这些外地人呢！说实话，我要是真有这些钱，肯定搬到别的地方去了。（CY065）

流动的条件

无论是本地还是外来居民，社会网络（信息共享与相互支持）都是流动不可缺少的资源，动用这些资源的能力是摆脱限制、实现流动的决定性因素。对那些经济收入不高的新村工人家庭，多年形成的家庭、邻里、同事、朋友等社会网络关系为他们提供了多方面的帮助，有效缓解了他们由于社会地位的下降而造成的生活危机。

（1）**本地居民**。对于本地居民来说，亲属关系是本地居民首要的社会资源。大部分的居民都有住在本小区或本街道的亲属，为了上学，把孩子户口转到亲戚家是常有的做法。日常生活中亲属之间相互转让、借用住房的情况也大量存在：在房屋装修与改建期间短期借住在亲戚家；孩子到了适婚年龄，又没钱买房的情况下，父母就经常搬到爷爷奶奶家，把自己的房子腾出来作婚房；有些生活特别困难的工人家庭，索性就挤到父母家里，再把自己的房子出租，以增加微薄的收入（图 6-5）。

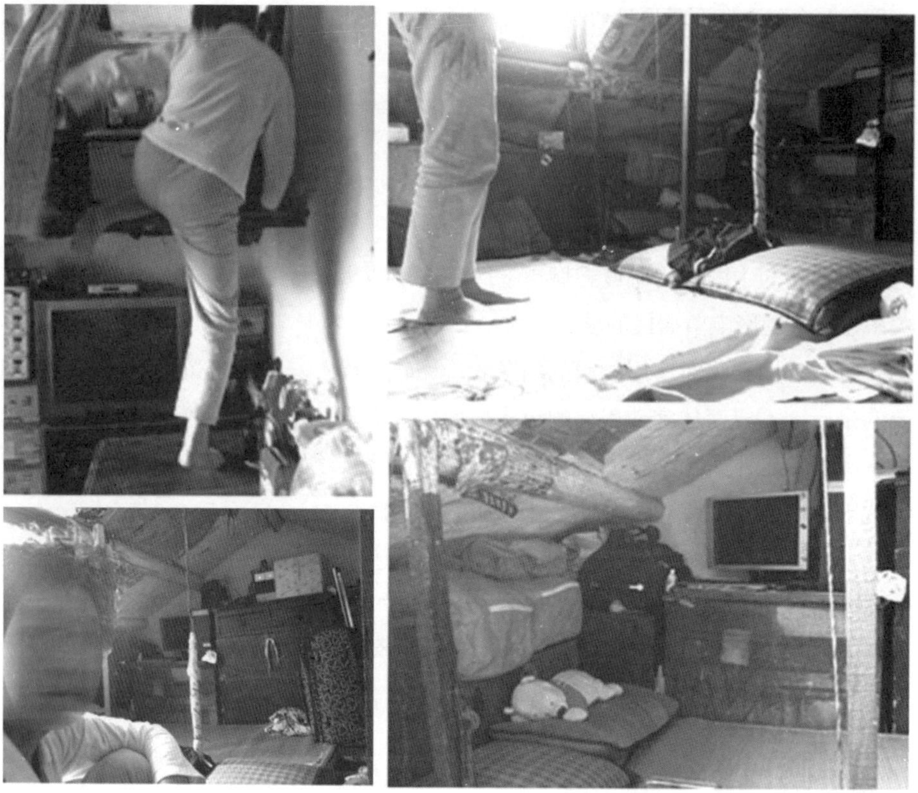

图 6-5　新村住户（CY001）为两代共居搭建的阁楼
来源：杨辰，摄于 2009 年

我儿子下岗了,媳妇没工作,生活很困难的。他们就把自己的房子出租,跟我们挤。开始我们老两口睡阁楼，但现在年纪大了，上下很不方便。后来我们商量了一下，替他们出一半房租，让他们出去在附近租个房分开过。（CY054）

邻里和同事关系也是本地居民重要的社会资源。几十年单位制社区的邻里关系在居民之间产生了乡土社会般的“熟人信任”，而且这种信任还在向第二、第三代传递。在访谈中发现，很多第二代工人家庭中的夫妻就是从小一起在新村长大的玩伴，他们的结合扩大了在新村的家庭网络。而在同一所学校读书的第三代孩子又成为上代人继续保持联系的纽带。

我们跟隔壁两家都是几十年的老邻居，关系一直很好，其中有一家人跟我爱人还是同一个单位的。他们也知道我儿子有残疾，就很体谅我们。所以，他们搬走的时候卖房子，虽然有人出高价，最终还是卖给了我。（CY001）

宗教团体与民间社团在曹杨新村也是一种不可忽视的社会网络。在调查的 25 户本地居民中，有 4 户居民是基督教会成员，有 6 户居民是老年协会和癌症协会等社团成员。宗教和社团生活往往是居民之间互通信息和提供帮助的重要渠道。

政府现在的很多政策都挺复杂的，宣传得又不够，我们年纪大的人很难搞得清楚。上次是一个教会朋友提醒，我才申请到街道为我们困难户提供的钟点工服务；这次申请廉租房的新政策又是我们一个癌症协会的病友告诉我的。（CY004）

（2）**外来居民**。跟本地居民相比，外来居民的社会网络要相对单一，也更加不稳定。他们进入新村的方式一般是先由同乡或亲戚介绍附近的一份工作，然后通过房屋中介在小区里租房，待工作稳定之后再将自己的亲戚和朋友从乡下带出来，整个过程具有“链式流动”[1]的特征。例如 1998 年通过同乡介绍到新村做家电维修生意的居民李先生（CY065），2003—2005 年他分别把自己的姐夫和内弟从乡下带到新村帮忙；南先生（CY043）五年前来到新村住户表哥的装潢公司打工，两年后把妻子带来，在附近一家学校找了份清扫员工作。这些外来居民虽然在语言、生活习惯、人际关系等方面有诸多的不适应，但在稳定之后，他们也会积极地扩大自己的社会网络。李先生认为自己能经营目前新村唯一的一家电器维修中心的原因，主要是因为 2006 年他通过参加苏北商会，利用网络论坛和 QQ 群与在上海的同乡相互介绍项目，扩大了自己的业务。然而，希望能真正在新村稳定下来的李先生，却因为“外地户口无法购买新村住房”的政策，始终处于动荡的居住状态，12 年中屡受搬家之苦。

1. 链式流动指在移民过程中，先到达某一城市的移民在找到工作并安顿好生活之后，往往会把自己的亲属或同乡介绍过来。形成同一区域的移民在某行业或某社区扎堆的现象，这种移民方式带有明显的地域性流动色彩。（王春光，2000：109-123）

3. 流动的结果——社区融合

居住流动在家庭层面对住房的位置、空间和权属进行调整的同时，也在社区层面造成居民的异质化。流动过程中本地与外来居民是如何看待对方的？拥有不同职业、文化背景和生活习惯的两个群体能否分享新村这一公共生活空间？新来的移民又在多大程度上融入地方社区生活？

在访谈中，大多数的本地居民对移民化的现象持否定但又无可奈何的态度。留在村里的老居民经常回忆起当年的单位制社区生活，他们普遍认为，那时的社区环境和邻里关系较现在的更为和睦。

我们周围几家邻居都是纺织工人，如果有人上夜班，我们走路说话都尽量轻，怕影响他们休息。如果大人去上班家里没人的话，我们都互相帮忙看孩子、做饭或照顾老人什么的……60 年代凭票买西瓜，三家就凑一张票，买来一起分着吃。自己的小孩在邻居家玩、吃饭、做功课什么的更是常有的事。（CY018）

移民化出现以后，老邻居被新来的外地人所替代，几十年的邻里关系消失了，本地人与外来人生活方式的差异使得原有住房的各种问题都立刻凸显出来了：

很多在这打工的外地人都是上晚班的，晚上很晚回来还要煮东西吃，洗澡。周末还有一帮朋友来玩。这里的房子都是一九五几年的老房子，楼板和墙壁都是木头的，他们在上面动静一大，我们根本没法休息。（CY007）

我现在找房客要特别选一选，一定要找爱安静讲道理的。不好的外地人我真的不借，否则人家邻居要怪我的呀。（CY030）

由于社会变革带来的住房调整和社区转型恰好与移民化同时出现，不少本地居民就坚持认为，新村环境品质的下降与外地人的增加有密切关系。

以前我们夜里开着门睡觉都没关系，现在大白天入室盗窃每月就好几起。听说都是外地人干的，上海人不会去做这些事。（CY034）

但是留守的本地居民也明白，环境品质的下降正在导致越来越多的本地居民外迁，这种进程是无法避免的。除了等待动迁，他们唯一的出路就是自己想办法也搬出去——但是，留下来的恰恰是那些最没有能力搬走的。这种无力感在一定程度上也加深了本地居民与外来居民之间的隔阂。

而对于外来人口，他们要适应城市生活必须要满足经济、社会和文化心理三个层面的要求：一是在城市找到相对稳定的职业；二是这种职业带来的经济收入和社会地位可以形成一种与当地人接近的生活方式；三是在与当地人接触过程中、在其生活方式的影响下逐渐对当地人价值观产生认同。[1] 调查发现，住房条件差、租金低廉的曹杨一村吸引的大多是来自安徽、江苏、江西和河南等地的贫困地区、从事低端服务业的农民工，他们在语言、生活习惯和价值观方面与本地居民存在较大的差异。不稳定的职业和经济收入，社会网络的缺乏使他们在三个层面都难以产生价值观认同。他们的交往圈子往往限于亲属和仅有的几个同乡，甚至一些居住时间超过了 10 年的外来居民也很难与本地邻居发展出积极的邻里关系。

我在这儿除了亲戚就两个朋友，还是坐火车时候认识的老乡。我没上海朋友。怎么说呢，感觉上海人说话做事跟我们外地人不一样，挺难的。(CY066)

我在这里住了十几年，从来不跟上海人交朋友，他们很烦的。修个水管收他 5 块钱他还嫌贵，嘟嘟囔囔的。有些人看你赚点钱就不开心，天天站在小区门口说你的闲话，特别差劲。(CY044)

1. 田凯，1995：90-95

小结

城乡二元户籍制度在社区层面严格区分出了“本地”和“外来”两个群体。不同居住身份除了在就业、教育、社会福利方面的差别之外，还对家庭居住计划和居住流动产生着持续而深远的影响。通过对本地与外来居民两个群体的调查，可在新村移民化过程中对他们各自的流动机制进行归纳和比较（表 6–5）。

从流动的成因和方式来看，“流出—流入”在城市社区移民化过程中是两个既有差别，又相互联系、互为因果的过程。流动最先发生在本地居民中间，流动与新村居民经济、社会地位的变化以及家庭生命周期的发展有直接的关系。移民进程一旦开始，外来人口通过链式流动快速地进入新村，而外来人员的增加以及环境品质的下降又加速了更多本地居民的外迁。缺乏经济和社会资源的工人家庭只能留在村里维持现状，而那些困难的工人家庭则选择向着更恶劣的居住状态流

表 6–5　曹杨新村本地与外来居民居住流动机制比较

		本地居民	外来居民
社会背景 （1990 年代末）		国企改革与工人下岗 住房商品化改革	涌入上海的民工潮
流动机制	成因	经济条件与社会地位的改变 家庭扩展与家庭关系 邻里纠纷 受到限制的留守居民	家乡穷，来上海寻找赚钱的机会 向往大都市的生活方式
	方式	搬迁 空间改造 房屋权属的改变	搬迁
	条件 （社会网络）	亲属 邻里 教会与社团	亲属 同乡
流动结果 （社区融合）		通过迁出实现社会流动 留守居民对社区网络的依赖 对外来居民的不认同	户籍和住房制度对定居的排斥 缺乏认同感，难以融入本地社区

动。本地与外来居民的替换过程形成一种特殊的“空间—社会”过滤系统，系统中的个人和家庭都在通过居住选择实现着各自的社会分层和流动。

根据流动条件的不同，本地居民和外来居民在居住选择过程中有着各自的行动逻辑：单位解体和下岗造成经济地位的下降，使得本地居民更多地依靠社区网络来维持现有的生活水平。丰富的社区资源（亲属、邻里和民间社团等）帮助了这些生活条件恶化的工人家庭对居住状态进行多方面的调整。而外来居民受到职业、经济条件、社会文化，尤其是户籍制度的制约，在居住流动的过程中选择性相对较小，也更为被动。

从流动的结果看，虽然1990年代末以来的移民潮对新村的人口构成、居住状态、邻里关系和物质环境等方面都产生了巨大的影响，但“移民化”冲击并没有彻底打破单位制社区中的邻里关系和社会网络。从单位到社区，留守居民在二次就业、住房改善、子女教育、家庭互助等方面更加依赖于新村原有的社会资源。即使是流出的新村居民在居住地选择、户籍和家庭关系等方面仍与原新村保持着种种联系，而流入的新居民却因为外地人身份，在工作和居住方面也难以产生社区归属感。在移民化“双重流动”的过程中，流出的本地居民并没有完全地“离开”，而流入的外来居民也很难真正的“进入”。虽然分享同一社区空间，但两个群体的交流圈却少有重叠。传统单一稳定的单位制社区结构正在被一种更为复杂流动的结构所替代，然而新的结构至今尚未产生出积极的社区融合。

第七章
旧城改造中的纪念地

经过 1950 年代对私有房产的两次国有化改造和长达四十六年的新村建设，上海建立了完善的公房体制。不仅房产交易和房屋租赁受政府管制，城市住房的投资、建造、分配、管理全部由国家和政府统一负责——高度集中的住房体制对缓解战后住房短缺发挥了重要作用，但从长远看，公房建造和维修全部由国家“包下来”的做法也给中央和地方政府带来沉重的负担。这也是为什么 20 世纪 60—70 年代上海公房建设进程缓慢、甚至出现了停顿。1980 年代以后，国家的城市政策从片面强调生产转向生产与生活并重，改善居住条件和提高消费水平被提到议事日程上来。上海的住房投资也逐年提高：1977—1990 年间的年均住房投资额达到了 5350 万元，是 1959—1976 年间年均住房投资额的 155%。[1] 然而，由于“欠账”过多，直到 1990 年，全上海市的人均居住面积只有 6.4 平方米，人均居住面积低于 4 平方米的住房困难户仍有 32.7 万（占户籍人口的 14.4%），人均居住面积低于 2.5 平方米的特困家庭有 3 万户，69% 的住房没有独立厨卫设施。[2] 改善住房条件成为上海市民最迫切的需求。

1990 年代以来，以“疏解市区人口、改善居住条件”为目标的旧城改造首先出现在里弄地区，随后向市区边缘的工人新村蔓延。短短十几年间，大量的里弄街区和老式新村被拆除，高层商品房取而代之。里弄居民与新村工人迁往近远郊的大型动迁安置社区。旧城改造对上海城市空间与社会结构的冲击是巨大而深远

1. 《上海住宅建设志》编纂委员会，1998：332-333
2. 《上海住宅（1949—1990）》编辑部，1993：134

的，也成为观察和理解新时期国家与新村工人关系变化的重要视角。本章通过梳理 1990 年代以来上海的土地与住房制度改革、房地产市场的繁荣、旧城改造政策演变、遗产保护意识的兴起等四方面的变革，将曹杨新村置于城市大开发的背景下，审视这一时期它所面临的困境与居民的行动策略。同时，围绕着新村的遗产保护与更新，诠释利益相关者（区政府、街道办事处、居委会、新村居民）的立场与博弈过程。

1. 1990 年代末以来上海城市发展的新背景

土地与住房制度改革

1992 年中国政府宣布建立社会主义市场经济。作为经济中心的上海也不失时机地提出一系列的城市发展新举措：开放金融市场、引进外资、开发浦东。经济建设首先要解决土地开发的问题——私营和外资企业如何使用国有土地？实际上，早在 1987 年，市政府就出台了《上海土地使用权有偿转让办法》，并通过国际招投标的方式对虹桥路 26 号地块进行土地有偿出让的尝试。第二年，第七届全国人大第一次会议通过了《中华人民共和国宪法修正案》，首次确立了土地所有权和土地使用权相分离的概念，明确规定“允许有偿转让土地使用权”，即土地所有权归国家，使用权可以出售给企业和个人——这为中国土地使用权的商品化提供了法律基础。1992—1995 年试行期后，上海全面推行土地有偿转让制度。

住房方面，上海参照香港和新加坡经验，从 1992 年开始对城市公房制度进行全面调整，以推动住房私有化改革：城市居民既可以购买新建商品房，也可以向单位购买自住公房；建立住房公积金制度，要求企业职工每月将工资的 5% 存入住房公积金账户，企业主为该职工缴纳同等数额的公积金；提高公房租金来鼓励城市居民购房。然而，第一阶段的改革成效并不明显，大部分的城市居民仍然习惯于等待单位分配住房，对购房的兴趣并不大（这一时期的企事业单位福利分房的政策并未取消）。因此，从 1998 年开始，上海的住房私有化改革进入第二阶段：①企事业单位立即停止福利分房；②房产交易税从 3% 降至 0.75%，购房首付比例从 30% 降至 20%；③通过降低个人所得税来鼓励港澳台企业主和员工在上海购房；

④推行蓝印户口[1]制度，鼓励非上海户籍员工通过买房获得上海户籍。[2]一系列的政策刺激了上海房地产市场的发展，私有住房的比例从1998年的31.2%迅速增加到2010年的82.7%。[3]

房地产市场的繁荣与公房的萎缩

土地与住房制度改革改变了城市住房的生产方式，开发商成为投资和建造住房的主体。为满足市场的不同需求，出现了多种类型的住宅产品（公寓、别墅、SOHO等）。1950年代以来逐渐消失的房地产市场又再次回到上海。房地产市场的复苏对1990年代末以来的上海城市发展影响深远。首先，地方政府通过土地有偿转让获得可观的财政收入，为上海基础设施的加速建设（如地铁、机场和高架道路）提供了财政支持；其次，私人投资的引入，大大加快了城市住房建设，上海市民的居住拥挤状况也得到一定的缓解：人均居住面积从1998年的9.7平方米上升到2010年的17.5平方米，非成套住宅的比例从2000年的30%下降到2010年的4.2%。[4]

然而，房地产市场的繁荣也带来诸多问题。首先，超额利润引发房地产投机，房价上涨速度惊人。全市平均房价从2000年的3326元/平方米上升到2005年的7054元/平方米，再到2010年的14 213元/平方米，十年上涨327%。[5]中心城区的情况更为明显，以普陀区为例，一套多层新工房从2000年的5000元/平方米上涨到2010年的40 000元/平方米，十年上涨700%！考虑到退休和下岗工人的工资水平以及不断增加的教育和医疗支出，购房对于新村工人家庭来说无疑是沉重的负担。其次，房地产的快速发展，改变了政府对住房性质的认识。如果说在改革初期，政府、学界和民众对于住房是“福利”还是“商品”仍存在争议，经历了一段房地产的快速发展、隐藏的土地价值被完全释放之后，答案是不言而喻的：住房不仅是商品，而且是稀缺商品。甚至有学者认为，正是“住房福利论”长期

1. 介于正式户口与暂住户口之间的户籍，因公安机关加盖蓝色印章而得名，2000年后渐被取消。
2. 根据上海房屋和土地管理局的统计，1998—2001年间有64 800套城市住房被非上海户籍居民购得，占这一时期住房销售的11%。（陈杰等，2007：106-116）
3. 上海市统计局，2011：338
4. 上海市统计局，2011：7
5. 郝前进等，2007：22-35；上海市统计局，2011：338

影响了上海土地资源的优化配置。在新一轮的改革中，单位的退出以及政府的住房观从“福利”转向“商品”，导致国家在住房供给市场的缺位，公共住房（保障性住房）建设逐渐萎缩，中低收入家庭获得住房的渠道被阻断。虽然从 2008 年开始，国家对房地产过热现象给予降温[1]，上海也提出了“两个 1000 万工程”（1000 万平方米的配套商品房、1000 万平方米中低价房），但实施情况并不顺利，保障房系统发挥作用仍需时日。[2]

旧城改造

房地产的繁荣使得上海市中心的旧区更新受到开发商的关注。1990 年代以来，中心城区大量的里弄街区被新建商品房小区所取代，里弄居民被动迁至近远郊的新建商品房。居住条件得到改善的同时，也丧失了使用市区商业和便捷的公共服务设施的机会。这一时期的上海旧城改造大致分两个阶段：第一阶段（1991—2000 年），上海市政府实施“365 危棚简屋改造计划”，10 年完成市区 365 万平方米危棚简屋改造，动迁 64 万户，共计 180 万市区居民的住房条件得到改善。第二阶段（2001—2010 年），政府在“十五”计划（2001—2005 年）中制定了“1700 万平方米的旧改任务”，但 2005 年仅落实了 700 万平方米。“十一五”计划（2006—2010 年）中，政府又提出继续完成 1000 万平方米的旧改，但 2010 年实际完成仅 180 万平方米。这意味着第二阶段（2001—2010 年）的实际改造量仅达到“十五”计划的一半。

2005 年以来的旧城改造速度放缓，一方面是为迎接 2010 世博会，市政府将大量投资转向城市基础设施建设；另一方面，第二阶段的旧改也遇到了来自居民的阻力。

1. 国家要求银行提高购房贷款首付款比例，缩短分期付款时间。
2. 自 1990 年代开始，上海结合旧城改造和市政工程建设，在近远郊大规模建造保障房社区，二十年间共设立保障房基地 46 片，吸纳市区人口近 300 万。大型保障房社区在改善市民居住条件、疏解中心城区人口和推动新城建设方面发挥了巨大的作用，但也带来一定问题。首先，绝大部分的保障房社区选址偏远，居民入住率低，交通与公共服务设施建设滞后，加上社区周边缺少足够的就业岗位，居民定居意愿不强，居住流动和空置现象严重。其次，中等收入家庭的迁出造成外来务工人员的大量涌入，加上原址失地农民，保障房社区内低收入人群高度聚居，成为各类社会问题的滋生地。再次，“街道—居委会”系统（街居制）尚未覆盖城乡接合部，管理的真空给保障房社区的治理带来极大的困难。“大型保障房社区空间与社会环境的恶化成为历次社会调研中居民最不满意的问题之一。”（高向东，2003；上海市调查中心，2013）

早期的旧改项目是由政府牵头，主要目的是帮助住房困难户解困。因此，政府会要求开发商在新建小区内留出一定比例、低于市场价的回迁房[1]。对人口密度高、改造难度大的项目，政府会对开发公司进行财政补贴，比如在“365 改造计划”中，对于旧式里弄建筑面积超过 70% 的动迁地块，开发公司可免交土地出让金等；[2]同时政府会对开发企业的利润进行总体控制；除此以外，政府还承担了郊区动迁安置房的建设。应该说，第一阶段的旧城改造属于“带有一定福利性质”的公共项目，而且这一时期的房价还没有快速上涨，安置房的位置也多在近郊，对于政府的补偿条件，动迁居民大多愿意接受。

然而，2001 年以后的旧改逐步走上市场化的道路：旧改工程采用招投标方式，由中标房产公司负责拆迁、赔偿与居民安置。开发商一方面希望压低动迁补偿条件，另一方面，考虑到新建商品房小区的品质，大多不接受“回迁房”的方式。[3]这使得绝大部分的原住民只能选择迁往远郊的配套商品房（图 7–1）。此外，动迁补偿政策的变化——从实物补偿到货币补偿[4]——也是居民对新一轮旧改不满的主要原因。因为，居民们发现，补偿款的增加远远赶不上市区房价增长的速度，除了市远郊的配套商品房，他们别无选择。

1. 为愿意回迁的动迁居民设计的一种小户型廉价房。

2. 代志鹏，2009：41–61

3. 实际上，第一阶段采用的“回迁房与新建商品房混居”模式也带来一些问题：回迁房居民收入普遍较低，生活习惯也与商品房居民不同。他们不注意公共卫生、习惯在单元楼道里堆放杂物、为了改善生活还常常将房屋出租给外来务工人员——这不仅引起商品房居民的不满，给社区管理工作增加了难度，也降低了整个社区的品质。于是在 2001 年 8 月新一轮的改造政策中，市政府不再要求开发商提供低于市场价的回迁房。这样，改造后的高房价把绝大部分的动迁居民排斥出市区。

4. 在 2000 年以前，政府采取的动迁补偿办法是“实物安置”，即根据户籍人数，在原址或近郊补偿每人不少于 12 平方米安置面积（点人头），这保证了动迁居民基本的居住要求。从 2001 年《上海城市房屋拆迁管理实施细则》颁布开始，政府采取“货币化安置”的办法，即不考虑户籍人数，而是根据房屋面积、质量和区位等标准对旧房进行评估，根据评估值给予货币补偿，即“数砖头”的方式。新方法避免了人口高密度地区动迁中的家庭纠纷，也间接地刺激了市区二手房交易和郊区配套商品房市场。

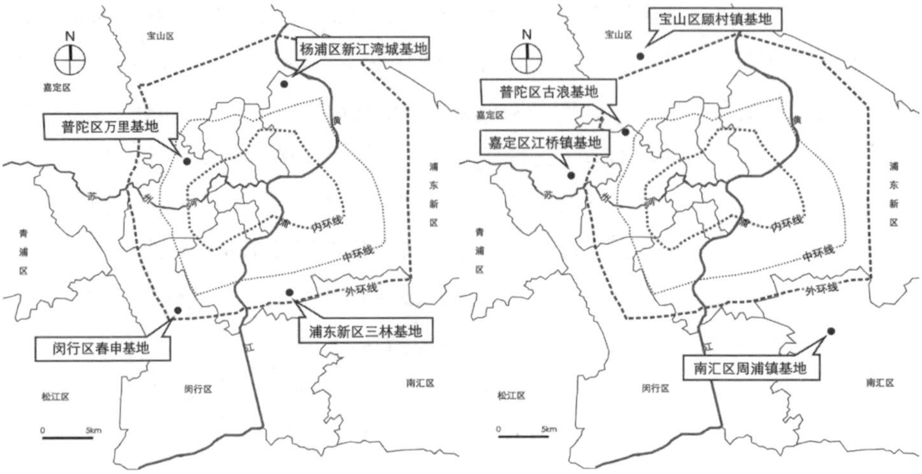

图 7–1　上海动迁安置房基地位置（1997 年和 2004 年）
来源：陈映芳，2008：38–39

遗产保护意识与“纪念地”的设立

20 年的旧城改造改善了居住条件，也改变了上海城市的空间形象——大量的历史街区被拆除、高层商品房小区取而代之，[1] 传统街道风貌和社会生活网络遭到破坏。早在 1980 年代，旧城改建中的环境文化因素就引起了城市学者的关注：“任何现存的居住环境，都不仅仅是物理对象的总和……正是文化因素的作用，使环境超越自身的物质结构和基质，形成了一种潜在的价值……建筑师及其他从事旧城改造工作的同行们，要将城市中潜在的文化因素整合到物质环境的改造中……旧区改建绝不能采用推平重建的简单方法，而应采用去芜存菁的方法。”[2] 然而，承认旧城的历史文化价值，建立保护的法律体系是 2000 年以后的事情。2002 年上海颁布了《历史文化风貌区和优秀历史建筑保护条例》，划定了 44 个“历史风貌保护区”[3]。在加大对全市已有优秀历史建筑保护力度的基础上，上海以地方性法规的形式首次明确了“历史文化风貌区”的保护价值与方法。

1. 上海市区的高层建筑在 1990 年有 739 栋，到 1999 年已增加到 3185 栋（还有 1000 栋在建）。上海在 2000 年是全世界拥有高层建筑最多的城市。
2. 冯纪忠等，1987：44
3. 其中 12 个位于中心城区，约 27 平方公里，约占 1949 年上海老城区面积的三分之一。32 个位于郊区，约 14 平方公里，涉及郊区九区一县。

旧改难度的加大和遗产保护意识的兴起，使得开发商把注意力开始从市区转移到市区边缘那些同样拥挤的工人新村地区，工人新村成为旧区改造的新战场。随着大量新村的拆除消失，城市文化学者提出疑问：与拥有一个多世纪历史的里弄街区相比，只有 50 年历史的工人新村有没有保护价值？作为 1950 年代以来人民政府在上海重要的空间实践，工人新村能否代表计划经济时代的城市文化？[1] 两代新村工人的生活记忆是否值得保留？ 2004 年，随着曹杨一村被列为第四批上海市优秀历史建筑，这一问题有了明确回答：工人新村作为社会主义城市的空间样本、红色文化的集体记忆，它的价值正式得到官方的认可。从此，曹杨一村有了新身份：社会主义中国工人文化的“纪念地”（Historical Monument）。

2. 纪念地的尴尬

发展滞后

被赋予遗产保护“纪念地”的同时，曹杨新村却面临着难以言说的尴尬。这首先体现在与周边地区相比新村发展的滞后。早期的曹杨新村虽然远离市中心，但经过五十多年的发展，一村周边形成由五十几个新村共同构成的曹杨地区，它也是普陀区人口最密集、最具活力的城市化地区之一：这里出现了普陀区第一幢高层住宅楼（兰花大楼），第一家涉外宾馆饭店，第一个大卖场（曹杨商城）和文化馆。2000 年以后，四条地铁线（3 号、4 号、11 号、13 号线）在此设站；餐饮、住宿、娱乐、文教、运动等设施一应俱全——便捷的公共交通和商业活力吸引了不少区外和外省务工人员来此定居。比市区里弄街区稍晚，曹杨从 1990 年代末开始也进入新一轮的地区再开发——1950 年代的“两万户”住宅（曹杨二～五村等）全部拆除重建，高层商品房小区取而代之，整个地区形成“马赛克式”的城市肌理，三类差异化社区同时存在：第一类是 1950 年代建成的工人新村，如曹杨一村、七村。它们大多是 2 ～ 3 层的老旧公房，房型为一室户或一室半，户均面积大约 12 ～ 16 平方米，厨卫由 3 ～ 5 户合用。第二类是 1980 年代以后建成的新公房。5 ～ 6 层高，房型为一室一厅或二室一厅，户均面积 50 ～ 60 平方米，部分厨卫独用。第

1. 朱大可，2003：80

三类是1990年代地区再开发过程中新建的高层公寓。这些公寓楼普遍在20层以上，房型为三室一厅或三室两厅，户均面积在90～120平方米，厨卫独用（图7–2）。

三类小区的差异不仅体现在外观和内部房型，还体现在房屋价格。根据2010年曹杨地区房屋中介的统计，前两类小区的房屋售价为25 000～30 000元/平方米，第三类为35 000～40 000元/平方米。租金价格的差异更为明显：老公房为1000元/月，新公房为2000～2500元/月，而高层公寓为4000元/月。

更大的差异还体现在三类小区的社区品质以及居民的生活方式。高层公寓属

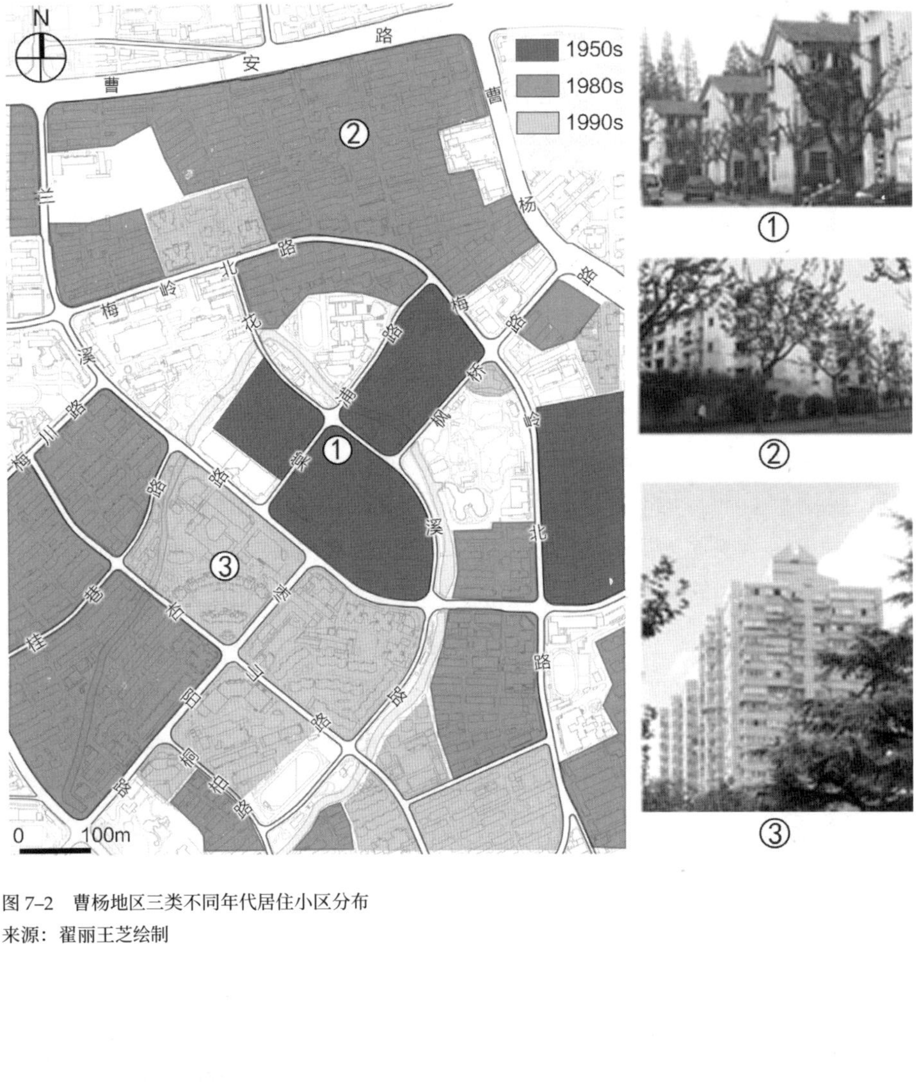

图7–2 曹杨地区三类不同年代居住小区分布
来源：翟丽王芝绘制

于商品房，除了有居委会，业主们还成立了业委会，并聘请物业公司对社区进行专业化管理。规模较大的公寓小区还设有围墙和24小时门禁，内部布置有公共绿地、花园、会所、地下车库，甚至网球场和游泳馆。而老式工人新村属于公房性质，尽管大多数工厂企业已经倒闭，但下岗职工们并没有经济条件向企业购买房屋产权，他们与租住于此的外来务工人员一样，至今保持着“租客”身份。没有业委会的新村也因此由居委会继续实施管理。小区内没有明确的公共绿地和活动场地，更不用说车库、会所和运动场地。由于缺乏门禁，小区内部常有各类流动摊贩占道叫卖，盗窃等治安案件也时有发生。曹杨一村居民都认为，过去是条件好的工人才能住新村，现在是条件好的居民离开新村，条件一般的居民都在想着怎么能尽早地搬出新村。即使把曹杨列为遗产保护的对象，也无法扭转这种发展的相对滞后。

2008年，普陀区推行物业公司全覆盖计划，要求区内所有小区必须配物业，并规定社区治理的任务分工：民政、文教、计生、调解等工作由居委会负责；卫生、治安、区内各类设施的建设、维修和保养则由物业公司承担。然而，由于老式新村居民无力缴纳管理费，最终未能落实物业公司，曹杨一村等一批条件欠佳的工人新村只能由居委会代管其日常维护。为了避免居委会内部政策不统一，街道办事处按照“条件接近的小区尽量集中管理”的原则，重新划分居委会管辖范围，成立专门管理一村的居委会。这种划分管理区的办法体现了街道对老旧新村的重视，但也进一步加剧了新村与外围商品房小区的差异和区隔。

困难社区

“纪念地”的尴尬还体现在曹杨一村的住房拥挤与居民贫困化。

在曹杨地区现存的二十几处工人新村中间，曹杨一村的建成时间最早，居住条件也最为困难。截至2010年，曹杨一村的户籍人口5670，总户数1918，平均每户3人，按照户均16平方米计算（包括公摊面积），人均居住面积不到6平方米，远低于普陀区和上海市平均水平（表7–1）。此外，一村厨卫合用户极多，2010年全市合用户只有4.2%，而曹杨街道仍有20%（6315户）的合用户，一村合用户甚至高达86.7%（表7–2）。

除了居住面积小、厨卫合用比例高，建筑质量老化也是曹杨一村面临的严重

表 7–1 曹杨一村的居住状况（2010 年）

	曹杨一村	曹杨街道	普陀区	上海市
人均居住面积（平方米）	6	10	16	17.5
厨卫合用户数比例（%）	86.7	20	—	4.2

数据来源：曹杨一村居委会档案

表 7–2 曹杨新村合用户公共厨卫面积（2010 年） 单位：平方米

社区名称	合用户总数	四户合用		三户合用		两户合用	
		厨房	卫生间	厨房	卫生间	厨房	卫生间
一村	1662	9.9	2.5	8.7	2.4	6.4	1.7
二村	1406	6.5	3.1	6.3	2.6	5.3	2.5
五村	1476	7.0	2.6	6.3	2.2	5.0	2.4
七村	1204	7.7	6.6	7.7	6.6	6.6	2.5

数据来源：曹杨一村居委会档案

问题。1950 年代的新村设计标准普遍偏低，经过 60 年高强度的使用，新村房屋及设备都出现了不同程度的老化：木制楼梯和门窗损坏（图 7–3），浴室和卫生间渗水，屋顶漏雨是常见的现象；外墙墙皮脱落，墙皮之下毛泽东时代的标语还依稀可见（图 7–4）。此外，由于墙体和楼板材料简陋，隔音隔热性能不佳，居民忍受着严寒与酷热，相邻居民的声音干扰也影响了邻里关系。由于住房质量问题引发的矛盾已经成为一村邻里纠纷的主要原因。[1]

图 7–3 老化的木制楼梯
来源：杨辰，摄于 2010 年

1. 根据曹杨一村居委会档案，2009 年居委会调解的 16 起邻里纠纷中有 12 起是由于住房问题引起。

图 7–4　脱落的墙皮与外墙标语
来源：杨辰，摄于 2009 年

物质空间衰败的背后是新村居民经济和社会地位的下降。根据居委会统计，2010 年一村的困难户[1]高达 1082 户，占总户数的 56.4%，远高于全市平均水平（表 7–3）。这些困难户中大约有一半以上可以领到低保（全村有 34% 居民“吃低保”，这比全市低保户比例高出近 30 个百分点[2]）。

这些困难家庭的生活状态何如，居委会干部这样说：

我们小区困难人口多，尤其是下岗人员多，每月只有几百块钱收入，有些就靠单位一次性给他们的工龄买断费（5 万～ 6 万元）。每天吃饭都要算，多少钱买米，多少钱买面，花完了就申请低保。运气好的能拿到每月大概 900 元的低保，但这对一个三口之家还是很难的……我们居委会有时也给他们介绍一些工作，但工资一般也就 1000 多元，考虑到交通费和时间，他们觉得还不如待在家里……很多家实在穷，连老婆都跟别人跑了，留下一个光棍照顾孩子。还有的四五十岁的下岗工人一直娶不到老婆。有时我劝他们，找个外来妹，条件差一点算了。但是这些光棍每月就几百块收入，房子还是跟父母挤在一起，哪有地方再娶媳妇？（CY033）

---

1. 居委会统计中将四类人群定义为“困难户”：残疾、无业、孤寡老人、刑满释放人员。
2. 2007 年上海全市总户数 499.54 万，其中领取最低生活保障的家庭有 21.05 万户，占全市总户数的 4.2%。（上海市统计局，2008：463）

表 7–3 曹杨一村困难户统计（2010 年）

范围	残疾	无业	独居老人	刑满释放	困难户小计	比例 *
曹杨一村（人）	170	737	121	54	1082	56.4%
上海全市（万人）	35	10	8	—	50 ~ 60	10%

数据来源：曹杨一村居委会 2010 年档案材料；上海市统计局，2008

* 仅统计户籍人口，如果排除经济条件较好而迁出的家庭、算上收入较低的外来移民，一村实际居住的困难户比例还要高。

“住房条件差，贫困人口聚集—条件好的居民迁出—外地务工人员进入—小区环境恶化”——曹杨一村似乎陷入恶性循环。衰败突出体现在卫生环境欠佳，垃圾得不到及时收集，盗窃、赌博等治安事件在一村也有不同程度的存在，频繁的居住流动更是加大了管理难度。2008 年街道办事处要求下辖所有社区都聘请物业管理公司，但普陀区内包括一村在内的 10 个困难新村付不起物业管理费，直到 2010 年上海世博会之前，曹杨一村都没有自己的物业公司，成为“自管小区”。所谓“自管”就是，居委会每月向居民收取一定管理费（4 元 / 户），用这些管理费去聘请新村门卫和清扫员。即使如此，随着劳动力价格的上涨，新村居民可以承受的管理费连门卫和清扫员的最低工资也无法保证。由于拖欠管理费，新村 2008 年以来多次面临无人管理的状况，环境每况愈下。缺少财政补贴又面临居民抱怨的居委会只好自己想办法。据居委会干部介绍，2009 年一村居委会尝试通过“出租新村内部道路作为外来车辆停车位”的办法来补充管理费。由于一村周边的商业、办公较多，停车费收入很快解决了一村 13 位卫生员的工资——这一做法也得到街道的认可，并在其他 10 个困难新村推广。但大量外来车辆停放在小区内部道路，不仅占用了居民有限的活动场地，村外人员的频繁进出也对社区安全构成威胁。对此，居民虽然很有意见但也没有办法。他们知道如果没有停车费的收入就雇不起卫生员和门卫，新村的卫生和安全状况会更糟糕。

居民们发现，这里已不再是当年的劳模村，而像是一个被社会遗忘的角落。所谓的“纪念地”，只是遗产保护清单中的一处“文物”，父辈的荣耀无法通过“纪念过去”的方式回到现实生活。更令人始料未及的是，恰恰是这种“纪念地”的设立，浇灭了他们改善生活的最后希望。

丧失改造权

因为建筑老旧、住房拥挤，很多居民不断到街道和区政府反映困难，要求政府尽快对一村进行改造。在这样的压力下，2000 年以后区政府和街道办事处就一村的改造问题进行过多次讨论，提出三种可能：改善、拆迁、提供保障性住房。

（1）改善。1952 年建村以来，除了 1962 年加建三层、1964 年装煤气管道两次比较大规模的改造之外，曹杨一村基本遵循“5 年小修 10 年大修”的原则，主要是修复破损的门窗、水电设备，重新粉刷墙面。2010 年为迎接世博会还对新村住房外立面进行过一次全面的粉刷（图 7-5）。虽然每次维修都由房管所组织施工，居民无需承担费用，但居民们认为，这种程度的改善无法缓解新村居民的住房压力，他们真正需要的是住房面积的扩大。

图 7-5　“迎世博”外墙粉刷前后对比
来源：杨辰，摄于 2009 年与 2010 年

（2）拆迁。拆迁是最直接的办法，也是居民呼声比较高的方式。在2002年建村50周年纪念式上，区政府也表示曹杨一村已为工人阶级服役多年，应该考虑“退休”。2003年区政府组织规划局和设计院技术人员对一村的改造进行可行性研究。根据规划局工作人员的介绍，当时提出三种方案：①全部动迁、外部安置；②原拆原建（居民全部留下）；③部分拆迁、部分回迁。经过调查，方案三在经济上和居民意愿上都可以接受。当时（2003年）的拆迁成本大约是4000元/平方米，根据“拆一补二”的原则，每户居民可获补偿约15万元，尚可在附近或近郊购一套两室户住房。然而，就在区规划局进行研究的同时，2004年曹杨一村被上海市规划局列入“上海市第四批优秀历史建筑”，保护专家认为“曹杨新村是新中国优秀建筑代表。其规划布局和建筑设计充分地反映了1949年以后上海的时代背景，具有很高的历史、文化价值。”市区两级规划部门在对待一村的政策上出现了差异，改造计划暂时停止——这一停就是6年。而2004—2010年恰好是房价上涨最快的时期：上海全市均价上涨了92%，而曹杨一村周边的新房从2004年的5000元/平方米涨到2010年30 000元/平方米！按照区规划局估算，2010年要让新村居民能够在附近或近郊买到一套两居室的房子，补偿至少要达到每户100万元。这样的动迁成本没有开发商愿意介入。历史保护建筑的划定使得改造计划陷入停滞，一村居民对政府部门的决定表示不满，不断到居委会、街道甚至区政府反映困难，甚至有居民把历史保护建筑的牌子偷走扔掉。在新村改造的问题上，特别是因为“纪念地”的设立客观上造成一村居民错过了改善生活条件的机会，居民与居委会和街道办事处之间关系也因此紧张起来。

（3）保障性住房。鉴于这一僵局，区政府提出通过建廉租房改善一村居民的居住条件，所谓廉租房，指政府出资建一些中等面积的住房，以低租金租给住房拥挤的低收入家庭。从长远来看，这一政策是解决像曹杨一村这种住房拥挤社区的根本办法，但保障房建设速度仍然十分缓慢，申请人数众多，审批条件又十分苛刻，短期内还无法满足曹杨一村住房拥挤户的迫切需求。而且如果廉租房申请成功，新村居民必须把现有旧房上缴房管局，这对于对动迁补偿有着较高期待的一村居民也是不愿意接受的。

3. 利益相关者的博弈——曹杨一村的保护与改造

尽管曹杨一村的改造尚未实施，但围绕着改造问题，利益相关者（地方政府、街道、居委会和新村居民）的讨论却为我们提供了一个观察新时期新村工人与政府之间关系变化的机会。

地方政府

1990年代开始，上海提出“三二一”产业结构调整策略[1]，纺织、机械、冶金等传统劳动密集型工业逐渐退出，金融、电子、航运和现代服务业取而代之，这导致市区工人人数的大量减少。1990年代末的下岗潮更是把工人工资标准降到中等以下的水平。而这一时期的媒体宣传主要集中在产业升级，对背后工人群体的牺牲却鲜有报道。工人群体遭受经济和社会的双重边缘化——这是理解今天工人新村困局的一个重要背景。

与此同时，连续三十多年两位数的增长速度成为中国经济的奇迹，GDP也成为中央对各级地方政府政绩考核的主要指标。特别是1990年代以来的城市大开发，让地方政府意识到土地中蕴藏的巨大利益，他们热衷于通过旧城改造、工业园区、大学城和住宅区等土地开发项目来获得GDP的增长。加之1994年的分税制改革，地方财政收入占全部财政收入的比重从1993年的78%下降为1994年44.3%，土地收益（作为地方财政收入的主要来源）的重要性更加凸显（表7–4）。

然而2005年以后，因居民的抵制以及中央政府“稳定压倒一切”的指示，地方政府对旧城改造项目的态度也更为谨慎，尤其是在面对新村大量下岗职工和外来人口等棘手的社会问题时。在这样的背景下，区政府对待新村改造的态度仍然是“等待时机”：一方面用“历史保护”和“动迁成本过高”等理由回应居民的动迁要求；另一方面，政府通过组织各种纪念活动（如60周年大庆、办社区报纸、纪录片拍摄）来表示政府并没有忘记新村工人，但这并不能真正解决工人新村面临的困局。

1. 指“优先发展第三产业，调整优化第二产业，稳步发展第一产业”。

表 7–4　上海土地财政占地方财政收入比例（2005—2010 年）

年份	财政总收入（亿元）	土地出让收入（亿元）	占比
2005	1433.9	248.3	17.3%
2006	1600.4	262.2	16.4%
2007	2102.63	474.9	22.6%
2008	2382	418.8	17.6%
2009	2540.3	1024.4	40.3%
2010	2873.58	1530.1	53.2%

来源：http://dichan.sina.com.cn/sh/zt/shlssn/index.shtml

街道办事处

如果说市、区政府对新村改造的态度是等待，那么街道办事处的态度则相对积极。许多街道办事处的工作人员也在曹杨地区生活，他们对新村的居住困难有切身体会，也希望尽快改善一村居民的住房条件与社区形象。另外，曹杨街道过去作为接待外宾的重要窗口很受市、区政府的重视，现在因为“建筑太旧太破，没法见人”却成了各级政府回避的话题。街道办事处也清楚，曹杨一村已经被列入“优秀历史建筑”的保护名单，拆迁的可能性微乎其微，但他们希望通过设立村史馆、组织新村一日游等文化手段来重建曹杨昔日的荣耀。几任区政府和街道领导都积极邀请上海高校和设计院对曹杨改造提出方案，并在媒体上进行宣传。[1]虽然各种改造方案距离最终的实施仍有相当距离，但街道通过媒体传达了一种“改造曹杨”的愿望。当然，在得到市政府的支持之前，他们面对居民的诉求也只能进行解释和说服。

2003 年我们还做过一次曹杨一村改造报告，当时还是可行的。但现在房价涨得太厉害，去年（2009 年）我们街道出了一个上海市的“地王”，虽然地王可以让政府收更多的出让金，但地价提升让政府在收购土地和动迁方面难度都加大了，而且现在中央在控制房价，老百姓也在看政府的举动，“地王”让区政府和规划局都承受了很大的社会压力。（CY037）

1. 2009—2010 年间，先后有上海大学、同济大学、上海交通大学、华东师范大学等几所重点高校参与改造方案的讨论。

居委会

不论是单位制时期（20 世纪 50—90 年代末）还是后单位制时期（1990 年代末以后），居委会都是政府对基层社会实施管理的重要组织。特别是 1990 年代居委会干部工资制度改革，进一步加强了居委会与政府的联系。之前，居委会工作人员多是新村退休工人或家庭妇女，除主任领取少量的补贴外，其他人员属于义务工作，没有工资。单位制转向社区制以来，政府要求居委会工作职业化，街道办事处向社会公开招聘主任、副主任等重要岗位，新村居民中的下岗工人也开始加入居委会工作。[1] 他们不再是义务工作，而是领取政府工资的“干部”。虽然近年来附近一些商品房小区出现了业主委员会和物业公司，与居委会分享社区管理权，但是在曹杨一村，由于产权不清、业主不明（绝大多数居民没有向单位购买房屋使用权），无法组织业主委员会，居委会仍然是新村居民与地方政府之间唯一的联络渠道。

在新村改造的事情上，居委会对居民的诉求表示理解甚至是支持。因为居委会干部自己也住在一村（街道对居委会干部有属地化的要求），他们也希望新村改造能早日落实。几乎每天都有居民到居委会打听关于动迁的最新消息，居委会主任也多次代表居民向街道和区领导反映曹杨一村的住房困难，希望得到政府的重视。但在得到上级部门明确答复之前，他们无法对居民做出任何承诺。不仅如此，居委会必须纾解住房困难户的怨气，尽量劝说他们少去街道和区政府反映问题；对那些不顾政府禁令，违章搭建的居民也要进行说服教育工作。居委会干部理解居民的困难是真实存在的，对改造的诉求也是迫切的，但他们毫无办法，这种左右为难的状态在居委会干部身上体现很明显。

上次电视台请我去谈谈曹杨新村，我本来想利用这个机会在电视上好好反映一下困难的，可是同去的领导建议我还是多说好的方面。节目播出来以后，很多居民来骂我。2008 年给我们新村挂牌（上海市优秀历史建筑）的时候，刚挂上去，就有人来我们这里吵。又不是我们要挂的，我们也没办法啊。结果不到一个星期，牌子就被人偷了。唉，我们做居委会干部的也觉得对不起居民，但是新村改造我们也没

1. 以曹杨一村为例，居委会的书记、主任和五名工作人员全部是 1990 年代下岗的工人，年纪在 40 ～ 45 岁，受过中等教育，大部分是党员，有知青经历。

有决定权啊。以前我还经常去居民家走走，了解一下情况，现在我都不敢下去了。我知道，我一去他们肯定要问房子的事情，我又答不上来，还是不见他们的好。(CY063)

新村居民

曹杨一村有大量的外来人口，在对动迁改造的态度上，有必要将本地和外来居民分别论述。

（1）**本地居民**。本地居民都认为一村建筑质量和环境很差，有着强烈的改造意愿。在2010年上海交通大学对148户一村居民做的问卷调查中，97%（143户）居民认为改造“迫在眉睫”。这些留在村里的居民往往属于失业人口多、经济条件差、住房拥挤的家庭，如果家里还有等待结婚的第三代，情况更加糟糕。住房是他们目前生活的最大困难，改造对他们来说是改善生活的唯一希望。

我们家一室半（22平方米）住了三代四口人，条件算是很差的。我1994年下岗了，老公跟我差不多。儿子去年才找到工作，工资也不高，所以他现在跟我们挤，在外面租不起房子呀。他也没有女朋友，现在的女孩不会跟一个无房男孩子谈恋爱的，就算她想谈，她家里也不会同意。新村里条件好的居民在外面买了新房子搬出去了，稍微有点钱的把这房子卖掉，自己贴补一点到外面去买一套；像我们家这种没钱的，就算把这房子卖了在外面也买不起新房子。所以我们现在只能等拆迁，留在这里的所有人都是这么想的，不可能卖房子的，卖了也没用。我的同事住得好一点的都是靠拆迁分房子的。不过我们这里地段好，如果拆迁，应该比他们分到房子还要好。所以你看我也不装修，修了万一要拆，白弄了，我就等拆迁。(CY011)

虽然居民希望改造的态度是坚决的，但他们对改造也并非没有顾虑。按照当前上海市区动迁标准，居民估算，动迁补偿款最多够他们在近郊买到一套三室户住房或者在远郊两套小户型住房（一室户＋二室户）。对于住房困难家庭，前者仍然无法摆脱多代共居格局，这是等待结婚的第三代新村居民最不愿意看到的结果；而后者由于远离市区，交通设施落后，年轻人上下班会非常不便。因此，绝大多数家庭都希望原拆原建，留在曹杨地区，哪怕住房面积小一点。这一说法也被区规划局2003年对一村的调查证实，80%以上的居民表示动迁之后还是愿意留在一村或附近地段。“曹杨新村的公共服务设施的配置是附近几个街道最完善的，加上地铁线建成，新村居民的工作和生活对社区资源的依赖很强，谁都不愿意搬出去。”[1]在不离开曹杨的前提下，一村居民对新村老建筑的历史价值还是表现出了一定的肯定，2010年148户居民问卷调查中显示，52.7%（78户）居民认为，老房子有历史保护价值，不该全部拆除（这对于期待改造居民来说是很高的比例了）。这说明三代居民在60年的集体生活中还是对新村投入了相当多的感情，他们对一村建筑的历史价值也有一定的认同。但他们同时表示，历史建筑需要好好修缮，修好了也最好不要再住人，因为以一村建筑的质量还要继续长时间服役“让人不放心”。

改造动迁关系到新村每个家庭的家庭计划，也影响家庭中每个人的个体行动。有些居民托关系到政府部门去反映困难，有居民假装到房地产交易中心去做房产交易，或去派出所修改户口来打探一村改造计划的最新情况；[2]还有些急需用房的困难居民直接去街道和区政府提意见。后者往往被视为不稳定因素而不受基层政府欢迎。除此之外，大部分的居民对待政府除了抱怨就只能等待了。

一村现在这个样子确实不像话，你看看房子不行，管理也不行，全是外地人。过去还是“劳模村”呢，我看现在根本就没人管。有关系的可以到区里反映反映，没有关系的就等吧。拆迁喊了七八年了，最近又说世博会以后要拆。不过我看报纸上说，旧区改造优先内环，其次外环。内环改造3年之内，外环还不知道呢。像我儿子年龄还小，还能等。有些人家的孩子等着房子结婚呢，等不起啊。（CY036）

对于“等不起、急需住房”的家庭，改造计划的拖延使得他们必须考虑其他办法来解决目前的困难。

我老婆和女儿都有残疾，每个月医药费很高。我现在年纪大了，身体也不好，再过几年照顾不动她们了，我们一家怎么办？本来想等拆改善一下生活，但现在我估计拆迁的可能性很小了……我最近有个想法，我想找家养老院，把这个老房子过户给它，条件是我们一家三口住过去，它负责照顾我们。现在这样一间房要50多万，而且房价还在涨，它（养老院）不会吃亏的。（CY014）

1. 普陀区规划局访谈纪要（2010-04-09）
2. 因为如果某区的改造计划被市政府批准，那么按照规定，该区的房产是无法交易的，户籍也将被冻结无法修改（防止为得到更多补偿而增加户籍人数），居民通过这个办法来打探改造计划是否已经启动。

对于政府推出的廉租房政策，新村居民并不热情。一方面是条件苛刻，因为虽然住房面积达到要求（人均不足 10 平方米），但银行存款证明要求不超过 7 万元，而大多数家庭存款大于这个数（一个普通工人的公积金有 6 万多）。另一方面更重要的是，按照政策规定，如果申请到了廉租房，新村老公房就要退给房管局，这是居民不愿意的——因为新村如果动迁，居民可能得到的赔偿肯定超过一套廉租房的价值，很多居民宁可挤在新村等拆迁也不愿意申请廉租房。

（2）**外来居民**。与本地居民相比，外来居民对新村改造的关注要少很多。作为租客，他们认为改造跟自己关系不大。但实际上，外来居民的工作几乎都在曹杨一村附近，一旦拆迁，他们马上要重新找房子，甚至更换工作地点。而且，要找到与一村条件接近（交通便捷、就业岗位多、房租便宜）的住处非常困难。显然，拆迁也会极大地影响外来居民的工作和家庭计划。即使是局部翻新、改善房屋质量，房租也肯定要涨，从而增加他们的生活成本。因此，当外来居民被问及对新村改造的态度的时候，大部分人都希望“保持现状”。

小结

旧城改造（城市更新）是中国城市研究的重要议题，它不仅是中国城市发展的动力之一，也是理解 30 年的经济奇迹、转型期的治国理念，以及解读国家、各级地方政府与基层社会权力关系的微观视角。围绕着曹杨一村保护与改造的讨论，我们看到城市大开发时期遗产保护意识的兴起。然而单纯以技术为导向、静态的遗产保护在客观上却造成曹杨一村错过了改造的机会，居民也失去改善生活条件的唯一机会。“纪念地”的光环并没能阻止新村空间与社会的双重衰败。新村工人认同新村的历史价值，也不希望承载着父辈荣耀和儿时记忆的模范村就这样一拆了之，但他们坚决反对工人新村的“博物馆化”，因为后者令他们的生活看不到改善的出路——这样的“纪念地”只能是一厢情愿。

从模范社区到纪念地，两代新村工人的荣耀和困境交织在一起，生动地展现了在后单位时期，地方政府、街道办事处、居委会和新村居民的利益诉求和行动策略，也构成理解今日新村现象的一把钥匙。

结语

本书结语部分对半个多世纪上海工人新村的历史、社会进程以及空间演变的主要特点进行总结，着重探讨三个议题：新村工人社会身份的建构，国家 / 单位与工人新村关系的演变，以及新村空间在这两个进程中的作用。最后，沿着历史、社会、空间三条路径，对最近的新村研究进行简要的梳理并探讨未来可能的研究方向。

本书主要结论

1950 年代以来的工人新村，通过住房分配、社会宣传和自我认同，成功的塑造出一种新的社会身份——新村工人。然而，继承这种身份的二代工人却在 1960 年代上山下乡、1970 年代末返城、1990 年代国企改革中逐渐失去了昔日的光环，与外来务工人员一同成为了困难社区里的居民。

从新村的投资、建造、分配、管理以及居委会组织的建立，“国家 / 单位”在新村工人的日常生活中始终产生着重要影响。虽然 1990 年代末以来，随着单位解体和工人下岗，国家 / 单位在“工作地”和“居住地”两个层面对新村工人的管理出现了不同程度的退出，但在回归社区的大潮中，国家依然通过居委会继续为工人新村提供基本的生活服务。对于改善居住条件的唯一希望——改造动迁，居民们一直在等待政府的行动。然而“纪念地”的设立却为这种希望蒙上了阴影。

新村空间一方面通过独特的空间意象帮助劳模工人形成强烈的社区归属感和身份认同；另一方面，国家 / 单位也通过新村选址、街区规划和标准化户型设计等不同尺度的空间安排，对新村工人的日常生活进行全面管理。住房成为不同时期新村工人（劳动模范、返城知青、困难社区居民）与国家 / 单位联系的重要纽带，新村依然是确立“国家 / 单位—工人”关系的重要方式。

上海工人新村的历史、社会进程以及空间演变

工人新村是1949—1995年上海的一段社会史。首先，新村建设是对战后住房短缺的回应。受苏联模式影响，1949年的上海提出将工业化作为经济发展的主要目标，通过增加产业工人比重，把畸形的消费型城市转变成生产型城市。工人数量的持续增长造成了城市住房的严重短缺——新村建设成为缓解战后住房短缺和保障工业生产的重要举措。其次，新村建设是一种政治意愿。战后工人阶级不仅在数量上快速增长，其政治和社会地位也获得前所未有的提升。作为无产阶级政党，人民政府必须通过实际行动——为工人建新村——来履行“工人阶级当家做主”的政治承诺。工人住宅不再是单纯的市政建设，而是一项重要的政治任务。再次，新村建设还是一种社会思潮。在“共同劳动、共同消费、各尽所能、各取所需”的新村理念指引下，工人新村实际上是从生活和生产两方面对居民进行改造的一种社会实验。然而，“内地优于沿海”“消除地区发展不平衡”的国家工业化政策长期限制了对上海的财政投入。地方政府推行的“重生产轻生活”、以牺牲居民需求来追求快速工业化的经济政策，也使得除1952—1954年和1957—1958年的两次短暂的建设高潮之外，住宅等非生产领域投资在前30年间一直维持在一个较低的水平——新村的建设出现明显的“非连续性”特征。尽管人民政府做出了巨大的努力，但工人住房问题并没有得到根本性的解决。“文革”以后，上海城市住房的建设逐渐恢复，但工人新村已不再是新建住房的主体。随着1990年代末的国企改革、单位解体以及住房商品化改革的启动，工人新村逐渐退出城市新建住房市场。

工人新村是1949年以来上海社会重建的手段和组成部分。从宏观层面看，工人新村不仅是一种居住类型，也是一种生产制度、治理手段和生活方式。通过新村建立起来的社会主义公房体系（投资、建造、分配、管理）以及基层社会治理方式（居民委员会），在“国家/单位—工人”关系的确立过程中都发挥着关键作用。从微观层面看，新村工人也是一种社会身份。国家和单位通过特定的住房分配制度对居民进行严格的筛选；社会通过频繁的外事活动和媒体宣传，塑造并不断加强着新村生活积极向上的大众印象；居住条件的改善以及国家、社会的认可也让居民对“新村工人”身份高度认同。即使面对1990年代末以来的国企改革和移民

化冲击，新村依然在调整和建构二代工人的社会身份中扮演重要的角色。换言之，工人新村是毛泽东时代的“劳动模范”“先进工作者”与毛泽东时代后的“新村知青”“下岗工人”社会身份建构的重要方式。

工人新村是社会主义城市的空间样本。作为战后三十年“具有实质意义的空间拓展”，工人新村对上海城市的空间与社会建构影响深远。首先，受“先生产后生活”的工业化政策的影响，新村选择“就近工业区、远离市区”的选址方便上下班的同时，也有利于塑造工人“以厂为家”的生活方式；其次，从邻里单位到居住区理论，工人新村规划逐渐将住区的空间等级与行政管理等级建立起对应关系，并通过公共服务设施的千人指标，把计划经济和基层社会管理的目标结合起来；最后，通过新村建设来推广标准化户型，在加快建设速度、降低造价的同时，也促进了一种集体主义的生活方式。

从新村工人到困难社区居民

本书属于社区研究，但却触及中国近代史研究的一个重要议题：上海工人阶级的身份建构。无论是裴宜理（E. Perry）还是鲁林，两位研究中国工人运动的重要学者都认为 1949 年以前的“工人阶级”是一个值得质疑的概念。本书无意对这一讨论给出明确的答案，而是将问题意识置于新的语境下审视：在消灭了资产阶级、人民当家做主后，工人是否形成了一个新的社会群体？他们是否有共同的身份认同？通过新村研究，本书提出了“新村工人”的概念，指 1949—1995 年间国营企业中通过单位分配获得新村住房的工人群体。在曹杨新村的个案研究中发现，这些住进新村的国企工人通过国家赋予、社会宣传、自我认同等方式，形成了强烈的身份认同，他们在职业、经济条件、政治信仰、生活方式方面具有高度同质性。身份认同让这些以“劳动模范”和“先进工作者”为代表的新村工人形成了独特的行为准则：在单位，他们对组织忠诚、吃苦耐劳、不计报酬；在新村，他们自觉维护模范社区的新秩序。

新村二代虽然通过“子女顶替”的政策获得工人职位，然而作为一种社会身份，“新村工人”的光环却一去不复还。国家 / 单位的突然撤出、社会关注的消失、自我认同的危机都让二代新村工人产生了严重的身份焦虑。他们至今难以理解，为什么可以继承父辈的工作，却无法继承父辈的社会身份？在产业转型和新一轮的城市大开发背景下，新村居民被迫与外来移民分享工人新村——一个过去的模范社区，今天的困难社区。聚居在新村的下岗工人和外来农民工遂成为“新村工人”新的社会身份。

更糟糕的是，在模范社区被列为文化遗产保护的“纪念地”后，新村居民改善生活的唯一希望破灭了。过去的荣耀成为他们改变命运的“绊脚石”——这不能不令人反思。

研究国家与社会关系的新视角

工人新村显然是处于“国家与社会”的研究范式中。国家与社会（本书中更多是国家 / 单位与新村）关系的确定与调整是贯穿各章节的核心议题。新中国成立以后，通过“单位”与“居民委员会”制度的建立，人民政府在工厂企业和工人新村分别建立了一套管理制度：单位为职工提供岗位和一切社会福利（住房、医疗、子女教育等），职工则在工作安排、职务晋升、岗位调动等方面完全接受单位的领导（见第四章住房分配与第五章职业流动）。而居委会为新村居民提供治保、卫生、调解、民政等日常生活服务，居民则自觉接受居委会的组织和动员（见第五章的知青动员）。然而，1990 年代末以来的去工业化、国企改革、单位制解体，以及随着住房私有化改革出现的业委会、物业公司等新的基层组织的出现，在一定程度上造成“国家 / 单位”在新村工人生活空间中的“撤出”。面对新村工人在就业、社会福利方面的巨大困境和身份焦虑，国家正试图通过新的制度建设——回归社区（单位制转向社区制）、旧城改造和保障房建设、再就业培训（如“4050”工程[1]）、文化遗产保护（如列遗产清单、建造村史馆）等——来重新确立新村工人与国家的关系。

1. “4050”工程是上海市政府促进困难群体就业的一项重要措施，旨在为特殊历史时期形成的女性 40 岁以上、男性 50 岁以上的下岗协保失业等就业困难群体度身定制就业岗位，以市场化、社会化的运作机制，促进其就业。

从住区空间到社会空间

工人新村既是空间也是社会现象。在一系列的社会变革中，新村不仅是一个居住的场所，也是重要的社会空间。哈布瓦赫（M. Halbwachs）认为，任何社会关系、组织和机构都具有空间形态——这是由人群和空间环境的基本关系决定的。这种关系体现在两方面：首先是社会关系对空间具有形塑作用。就像我们走在各种道路上，“总可以看到先驱者、开辟者的足迹，可以找到当年建造时使用过的工具的留痕……所有物质层面上的东西无不与社会关联着，阐释着先前与现在的风俗习惯”。其次，空间形态的变化也会导致社会关系的调整。“物质形态的简单变化：疆域扩大、组成部分数量增加、密度增加和构成多样化，会直接影响更专业和精细的社会分工。因为，在一个紧密联系的集体中（城市环境），空间越有限，人们就越容易频繁地从一个领域达到另一个领域，他们的视野也因此更加开阔，需求更加多样。”[1]

工人新村的研究再次证实了空间形态与社会关系之间的紧密联系：新村选址、住区规划和户型设计并不是单纯的工程问题，其空间特征都可以在当时的政治、经济、社会背景中找到成因；而新村的空间形态一旦形成，它对地区发展、社会治理、更新政策也产生着持续的影响。当然，最直接的是对新村工人社会身份建构的促进作用。工人新村不仅是计划经济时代和其后社会转型期“国家 / 单位—工人”关系的空间载体，它还通过新村工人的日常生活和空间实践不断生产和再生产新的社会关系。

进一步的讨论

本书的新村叙事止于 2010 年，这既是调研结束的时间，也是工人新村在上海世博会期间得到统一维修的时间（新村一向有“十年大修”的传统，但这次“大修”却引发了居民对于新村何去何从的激烈讨论）。从 1949 年到 2010 年，以曹杨为代

1. 哈布瓦赫，2005：6–12

表的第一代上海工人新村的发生、发展、停滞、衰败以及更新过程已经得到完整的展现。需要指出的是，2010 年仅仅是本书调研结束的时间，新村生活还在继续，新村历史也在延续。近年来上海市、区两级政府对于工人新村给予了更多的关注，规划实施了不少更新项目，如 2013 年建成开放的曹杨新村村史馆、2015 年列入的上海首批城市更新试点项目、2016 年列入的“首批中国 20 世纪建筑遗产”等。但这些项目尚未对新村生活产生实质影响，亦不影响本书的基本结论。

工人新村建设的高潮已过，但新村在今天的城市生活中依然存在并产生持续的影响。对于建设者、居民和大众，新村是一种可贵的尝试、一种独特的生活方式、一段珍贵的集体记忆。新村研究刚刚起步，本书不仅要回顾历史，更要面向未来，新村的未来仍然可期！

令人欣喜的是，沿着历史、社会、空间三条路径，工人新村研究的新成果正不断涌现。[1] 相信在新的城市发展阶段和社会背景下，工人新村和新村工人都将受到更多学科的关注，研究视角也会更为多元。

从模范社区到纪念地，工人新村的故事并没有结束。

1. 历史视角有建国初期全国范围的新村现象及其背景（王瑞芳，2015），执政党在新村政策中体现出的民生思想（黄啸，2015），民国模范劳工宿舍文明教化与自治（杨可，2016）； 社会身份视角下有 20 世纪 60—70 年代的劳模制度（张婧，2007），1990 年代新村工人的贫困化（杨辰，2012；王松杰，2011）；空间视角下有新村公共服务设施布局的变迁（宋从伟，2011），工人新村更新（温晓颖，2010），基于居民行为特征的新村低碳效应（王伟强，2015）， 等等。

附录 A 访谈信息表

曹杨新村居民

录音编号	职业	性别	年龄*	教育程度	籍贯	进入新村方式	居住年数	户籍情况	访谈时数	访谈时间
CY001	下岗工人	女	60	高中	上海	嫁娶	41	曹杨	1.5	2010-03-30
CY002	居委会干部(下岗工人)	女	55	初中	上海	嫁娶	27	曹杨	0.5	2010-04-08
CY003	居委会干部(下岗工人)	女	54	高中	上海	出生地	54	曹杨	2.5	2010-03-24
CY004	退休工人	女	57	初中	上海	租住	10	上海非曹杨	2	2010-04-12
CY005, CY008	下岗工人	男	58	高中	上海	出生地	58	曹杨	0.5, 2	2010-04-12
CY006, CY014	下岗工人	男	58	高中	上海	单位分配	14	曹杨	1.5, 2.5	2010-04-13
CY007, CY029	下岗工人	男	62	高中	上海	出生地	58	曹杨	1, 0.5	2010-04-13
CY009	居委会干部(下岗工人)	女	49	高中	上海	嫁娶	25	上海非曹杨	1	2010-04-11
CY010	家庭妇女(无业)	女	88	无	湖南	嫁娶	58	曹杨	1.5	2010-04-15
CY011	下岗工人	女	54	高中	上海	嫁娶	33	曹杨	1.5	2010-04-15
CY012	退休工人	男	88	小学	浙江	单位分配	58	曹杨	1	2010-04-16
CY013	退休工人	男	62	高中	上海	单位分配	15	曹杨	0.5	2009-08-08
CY015	信访办工作人员支援(知青)	女	63	初中	上海	出生地	40	曹杨	1	2010-03-24
CY016	下岗工人	女	58	初中	上海	出生地	48	上海非曹杨	0.5	2010-06-05
CY017	门卫(下岗工人)	男	54	初中	上海	出生地	54	曹杨	0.5	2010-05-28
CY018	退休工人	女	69	小学	无锡	单位分配	58	曹杨	1	2009-09-16
CY019	退休工人	女	66	高中	上海	租住	10	上海非曹杨	2	2010-04-24

* 均指受访时年龄。

录音编号	职业	性别	年龄	教育程度	籍贯	进入新村方式	居住年数	户籍情况	访谈时数	访谈时间
CY020	下岗工人	女	58	初中	上海	嫁娶	28	上海非曹杨	1	2010-04-26
CY023	无业	女	43	初中	四川	嫁娶	6	半家户	0.5	2010-06-02
CY028	退休工人劳模	男	85	无	安徽	单位分配	58	曹杨	1	2010-05-07
CY030	居委会干部（下岗工人）	女	59	初中	上海	出生地	58	曹杨	2	2010-03-26
CY031	教师	男	30	大学	上海	非一村居民	上海非曹杨		0.5	2010-05-09
	退休工人	男	83	无	苏北	非一村居民	上海非曹杨		2	2010-05-09
CY032	下岗工人	女	57	高中	上海	嫁娶	12	曹杨	0.5	2010-05-10
CY033	居委会副主任(下岗工人)	女	60	初中	上海	嫁娶	35	曹杨	2	2009-07-21
CY034	居委会干部（下岗工人）	女	48	高中	上海	嫁娶	15	曹杨	1	2010-05-10
CY035	退休工人	女	57	高中	上海	出生地	57	曹杨	2	2010-05-07
CY036	下岗工人	男	57	高中	上海	嫁娶	28	曹杨	0.5	2010-03-24
CY039	退休工人劳模	男	88	无	浙江	单位分配	58	曹杨	2	2010-05-12
CY040	教师	男	58	大学	上海	出生地	18	上海非曹杨	0.5	2010-03-24
CY041	退休工人	女	83	大学	上海	购买	58	曹杨	1.5	2010-05-14
CY042	水果摊店主	女	40	无	河南	租住	15	外省	0.5	2010-05-15
CY043	清洁员	男	50	初中	安徽	同乡	3	外省	0.5	2010-06-03
CY044	商店店主	女	29	无	苏北	租住	5	外省	1.5	2010-05-15
CY045	水果摊主	女	45	小学	安徽	租住	7	外省	1	2010-05-11
CY054	退休工人	女	74	无	上海	单位分配	35	曹杨	0.5	2010-05-30
CY059	退休工人	男	74	初中	苏北	单位分配	20	曹杨	0.5	2009-08-08
CY060	无业	女	40	初中	上海	出生地	40	半家户	1	2010-05-18
CY063	居委会主任（下岗工人）	男	58	高中	上海	附近小区调入	12	曹杨	1	2009-07-17

录音编号	职业	性别	年龄	教育程度	籍贯	进入新村方式	居住年数	户籍情况	访谈时数	访谈时间
CY064	私企老板	男	30	大学	黑龙江	租住	1	外省	1	2010-05-19
CY065	修理店店主	男	30	初中	苏北	租住	12	外省	1	2010-05-21
CY066	小店店主	男	26	初中	黑龙江	租住	3	外省	1	2010-06-05
CY068	退休干部	女	62	高中	上海	单位分配	17	曹杨	1	2010-05-24
CY069	前居委会主任	女	73	小学	无锡	单位分配	47	曹杨	2	2009-08-06
CY071	退休工人(知青)	男	57	高中	上海	出生地,甘肃知青回沪	17+8	外省	0.5	2010-05-25
CY073	泥水匠	男	52	小学	苏北	租住	5	外省	2	2010-05-25
CY075	退休工人	女	55	无	苏北	嫁娶	30	半家户	1	2010-06-02
CY076	退休工人劳模	女	90	无	苏北	单位分配	58	上海非曹杨	0.5	2010-05-26
CY077	保姆	女	48	无	安徽	租住	10	外省	1	2010-05-26
CY078	居委会干部(下岗工人)	女	40	高中	上海	嫁娶	17	上海非曹杨	1	2010-05-27
CY079	无业	男	25	高中	上海	出生地	25	曹杨	2	2010-05-27
CY082	家庭妇女	女	41	高中	苏北	嫁娶	14	半家户	1	2010-05-28
CY083	居委会干部(下岗工人)	男	53	高中	上海	出生地	53	曹杨	2.5	2010-05-28
CY091	小店店主	女	40	高中	苏北	嫁娶	8	半家户	1.5	2010-05-28
CY095	退休工人劳模	女	79	无	上海	单位分配	13(已迁出)	曹杨	1.5	2010-06-06
CY096	退休工人劳模	女	81	无	苏北	单位分配	15(已迁出)	曹杨	1.5	2010-06-07

其他相关人员

录音编号	职业	性别	年龄	教育程度	籍贯	访谈地点	访谈时数	访谈时间
CY021	城市规划学者	男	75	大学	上海	办公室	1	2009-06-15
CY026	曹杨新村设计师	男	91	大学	上海	家中	2	2010-04-22
CY029	社区民警	男	52	高中	上海	居委会	0.5	2009-09-15
CY037	普陀规划局处长	男	40	大学	上海	办公室	1	2010-04-09
CY038	教师	女	52	大学	上海	咖啡馆	2	2009-09-02
CY061	街道办事处干部	男	55	高中	上海	办公室	1	2010-05-20

附录 B　当代上海与曹杨新村大事记

1949—1951	战后在统一战线方针下重建上海	
1951	市政府确立了“市政建设首先为工人阶级服务”的方针	
1952	“五反”运动	曹杨一村（1002 户）建成 第一个商店（曹杨合作社）和菜场开张 建设曹杨幼儿园和曹杨小学
1953	第一个五年计划 上海的经济发展受到限制	曹杨二、三、四、五、六村（4000 户）建成 沪西工人文化宫建成开放 曹杨第一所医院建成开放 按照工厂来源，曹杨一、二、三村组建了一百多个家属委员会
1954	颁布《上海城市居民委员会组织条例》	两条公共汽车线路（63 路和 56 路）开通 曹杨公园开放 取消家属委员会，建立曹杨新村居民委员会
1956	公私合营 毛泽东发表《论十大关系》，上海掀起了工业化热潮	曹杨七村建成（780 户） 曹杨二、三、五村扩建，新建曹杨八村（共 9600 户） 建成 4 个幼儿园、6 个小学和一个高中 曹杨居民和居委会自建小学 7 所和 21 个新村食堂 居委会动员 400 多名新村家庭妇女去街道工作劳动
1957	百花齐放、百家争鸣 反右派斗争	
1958	“大跃进”开始 上海行政区划调整：江苏省嘉定、宝山、上海、川沙、青浦、南汇、松江、奉贤、金山、崇明十县并入上海市 卫星城计划	
1961	“大跃进”结束，实施调整政策	曹杨影院建成营业 建立曹杨新村人民公社
1963	棚户区改造开始 进入经济调整和恢复期	曹杨一村扩建（加建第三层 501 户） 再建 5 个高中、4 个小学和 2 个幼儿园 曹杨一村安装煤气管道 受国家经济形势影响，居委会动员新村百余户工人家属主动从街道工厂离职回家
1965	开展建设大三线，上海大量企业迁往外地 “文化大革命”开始 新建 35 个工人新村	
1966	动员知识青年上山下乡	曹杨一、二、三、四、五、六村扩建，新建曹杨九村（共 3400 户） 曹杨一村建村至 1978 年接待外宾 3741 批次 曹杨一村 1966—1975 年间共动员 1150 名新村青年上山下乡
1967	成立“上海人民公社”和“上海市革委会”	
1976	毛泽东逝世	

1979—1982	《上海市城市总体规划纲要》审批通过	超过 2000 名新村知青（含家属）返回曹杨一村
1984	上海被列入中国沿海十四个对外开放城市	
1985	成立了改革开放后首家中外合资房地产公司（国际房产有限公司） 上海实施居民身份证制度	曹杨四、五、六、七、八村扩建（13 500 户） 曹杨文化馆建成开放 17 条公交线路开通
1986	上海被列为第二批国家历史文化名城	
1988	第一家中资房地产公司成立	1979—1990 年间曹杨一村接待外宾 3468 批次
1990	中央政府批准了浦东新区开发计划 1949 年以后上海重新放开证券交易公司 第一轮旧城改造	
1991	南浦大桥建成通车 住房制度改革（允许企事业单位职工向单位购买公房） 国有企业改革	
1992	邓小平南方讲话，经济改革重新起步	普陀区纺织企业倒闭，大量工人下岗
1994	上海地铁一号线建成通车 全长 48 公里的内环高架路建成通车	曹杨新村开始发放低保
1995	杨浦大桥建成通车 土地出让制度开始实施	
1996	推行“蓝印户口”制度，鼓励非户籍居民在上海购房	曹杨街道再就业中心成立
1997	亚洲金融危机	
1998	企事业单位停止福利分房	曹杨养老院建成
2000		住房私有化改革在曹杨新村开始实施
2001	第二轮旧城改造	新村部分居民迁出与外来务工人员大量进入
2002	上海市区划定 12 片历史风貌保护区	曹杨一村五十周年村庆
2004		曹杨一村列入上海市第四批优秀历史建筑
2005	上海房价迅速攀升	“迎世博”期间，曹杨一村住宅得到部分修缮
2010	中国 2010 年上海世博会开幕	

来源：上海事记一栏参考 白吉尔，2005：405-406

附录 C　上海房地产制度改革大事记（1979—2010 年）

1979	实施“侨汇房”政策，在徐汇区宛南新村为海外华侨和港澳同胞建造可用侨汇购买的住宅
1980	“上海市住宅建设工作会议”决定实施住房商品化试点，允许将国家统建公房拨出一部分以优惠价出售给职工
1985	成立了改革开放后首家中外合资房地产公司（国际房产有限公司）
1986	探索土地有偿使用制度，开始向在沪三资企业征收土地使用费
1988	上海虹桥经济技术开发区 26 号地块进行国际招标，成为国内首例批租土地 实施“外销房”政策，第一个外销房小区在虹桥开发区建成 第一家中资房地产公司在上海成立
1990	80 家房地产企业在上海注册
1991	市委市政府出台《上海市住房制度改革实施方案》：“推行公积金、提租发补贴、配放买债券、买房给优惠、建立房委会”
1992—1995	邓小平南方讲话以后，上海房地产业加快步伐：土地批租数量迅速增加，公房私有化进程加快，新商品房开始大规模建造，提出“365 危棚简屋改造计划”
1996	推行蓝印户口制度，鼓励非户籍居民在上海购房 国家将房地产列为支柱产业
1997	出现了第一轮的房地产过热现象，控制住宅用地投放
1998	企事业单位停止福利分房
2000	上海市“365 危棚简屋”改造完成
2002	取消外资房与售后公房的差别性政策，统一房地产市场 出现第二轮房地产过热，房价飞涨
2003—2004	在嘉定江桥、松江泗泾、南汇周浦以及康桥建设中低价“四高”示范小区
2005	启动“两个 1000 万工程”（1000 万平方米配套商品房，1000 万平方米中低价商品房）
2008	市政府出台《上海市住房建设规划（2008—2012）》，计划五年内新建、配件经济适用房和廉租房 2000 万平方米（约 30 万套） 规划第一批“6+2”大型保障房社区
2010	在宝山、嘉定等 9 个区县规划第二批 23 个大型保障房社区

来源：上海市房屋土地管理局，1999：10-12

附录 D 1980 年代以来上海市动迁安置政策演变

时间	法规 / 条例	背景	政策特点	安置房形式	安置房位置	备注
1980 年 3 月	《住宅建设工作会议，全市 23 片地区改造规划》	解决住房矛盾	方针：“住宅建设与城市建设相结合，新区建设与旧城改造相结合，新建住宅与改造修缮旧房相结合”	现房安置，住房属于单位，通过实物分配方式获得，有使用权，无所有权	原地回搬	1979—1990 年，共拆除住户约 12 万余户。其中 1986—1990 年动迁居民 73 138 户
1991 年 7 月	《上海市城市房屋拆迁管理实施细则》	以二级地段的旧里、危棚简屋为主	“实物安置”为主：拆迁人必须用住房实物安置被动迁居民，动迁安置时主要考虑户口和独生子女因素	动迁安置房	全部外迁，市区边缘地区	1990 年 8 月—1995 年底动迁居民 30.2 万户
1997 年 12 月	《上海市危棚简屋改造地块居住房屋拆迁补偿安置试行办法》	待动迁房多属三、四级地段，土地级差效益低，且人口密度高	“准货币化安置”：异地实物安置与货币化安置相结合（可将应安置住房面积折成货币，用以自行购买商品房），兼顾独生子女因素	（1998 年始）用房屋拆迁货币安置款购买平价房、安居房	向郊区扩展	1998—2001 年，居民选择货币化安置的比例平均在 70% 左右
2001 年 10 月	《上海市城市房屋拆迁管理细则》	同上。在试行政策基础上更进一步	“货币化安置”：按拆迁面积补偿，不再考虑户口和独生子女等因素（由以前的“点人头”变为“点砖头”）	（2002 年始）“重大工程配套商品住宅”	外环线周围及远郊	回搬率仅 10% 左右。1996—2006 年动迁居民共 823 637 户

来源：陈映芳，2008：37

参考文献

中文文献

白吉尔，2005. 上海史：走向现代之路 [M]. 王菊，赵念国，译 . 上海：上海社会科学院出版社 .
柏兰芝，2006. 如何思考城市问题 [J]. 国外城市规划 (5): 4-7.
包亚明，2003. 现代性与空间生产 [M]. 上海：上海教育出版社 .
曹洪涛，1990. 储传亨：当代中国的城市建设 [M]. 北京：社会科学出版社 .
柴彦威，2009. 地理学视角下的城市单位：解读中国城市转型的钥匙 [J]. 国际城市规划 (3): 2-6.
陈杰，郝前进，2007. 上海住宅产业发展历程回顾：市场化进程的经验与启示 [J]. 复旦产业评论 (2): 106-116.
陈薇，2008. 空间一权力：社区研究的空间转向 [D]. 武汉：华中师范大学 .
陈映芳，2003. 移民上海：52 人口述实录 [M]. 上海：学林出版社 .
陈映芳，2005. 农民工，制度安排与身份认同 [J]. 社会学研究 (3): 119-132.
陈映芳，2006. 棚户区：记忆中的生活史 [M]. 上海：古籍出版社 .
陈映芳，2008. 城市开发的正当性危机与合理性空间 [J]. 社会学研究 (3): 29-55.
陈映芳，2010. 行动者的道德资源动员与中国社会兴起的逻辑 [J]. 社会学研究 (4): 50-75.
陈映芳，2012. 空间与社会：作为社会主义实践的城市改造——上海棚户区的实例（1949—1979）[C]// 陈映芳 . 城市中国的逻辑 . 北京：生活·读书·新知三联书店：113-142.
程默，2007. 我们怎样失去迁徙自由的：20 世纪 50 年代中国户籍制度的形成与演变 [J]. 当代中国研究，99(4): 90-101.
程若望，2004. 北京、上海、香港：不同宿命的中国城市 [M] 刘健，译 // 法国汉学丛书编辑委员会 . 法国汉学：第 9 辑 人居环境建设史专号 . 北京：中华书局 .
代志鹏，2009. 80 年代以来上海的城市更新 [C]// 陈映芳 . 都市大开发：空间生产的政治社会学 . 上海：上海古籍出版社：41-61.
邓述平，王仲谷，1996. 居住区规划设计资料集 [M]. 北京：中国建筑工业出版社 .
邓正来，1999. 国家与市民社会 [M]. 北京：中央编译局出版社 .
丁桂节，2007. 永远的幸福生活：解读上海二十世纪 50—60 年代的工人新村 [D]. 上海：同济大学 .
丁日初，1994. 上海近代经济史：第 1 卷（1843—1894 年）[M]. 上海：上海人民出版社 .
段成荣，孙玉晶，2006. 我国流动人口统计口径的历史变动 [J]. 人口研究 (4): 70-76.
法律出版社法规中心，2005. 房屋拆迁法律手册 [M]. 北京：法律出版社 .

范文兵，2004. 上海里弄的保护与更新 [M]. 上海：上海科学技术出版 .
冯纪忠，王伯伟，1987. 旧城改建中环境文化因素的价值和地位 [J]. 建筑学报 (10): 44-48.
冯同庆，2009. 中国工人的命运 [M]. 北京：中国社会科学出版社 .
付晨，2004. 上海工人新村调查研究以及文化人类学思考：以曹杨新村为例 [D]. 上海：同济大学 .
付磊，唐子来，2008. 上海市外来人口社会空间结构演化的特征与趋势 [M]. 城市规划汇刊 (1): 69-76.
高向东，2003. 大城市人口部分变动与郊区化研究：以上海为例 [M]. 上海：复旦大学出版社 .
桂勇，2007. 邻里政治：城市基层权力操作策略与国家—社会粘连模式 [J]. 社会 (2): 102-126.
郭圣莉，2006. 居民委员会的创建与变革：上海市个案研究 [M]. 北京：中国社会出版社 .
哈布瓦赫，2005. 社会形态学 [M]. 王迪，译 . 上海：上海人民出版社 .
郝前进，陈杰，2007. 到 CBD 距离、交通可达性与上海住宅价格的地理空间差异 [J]. 世界经济文汇 (1): 22-35.
何艳玲，2007. 社区组织与街区事件：后单位时期中国街区权力结构分析框架的建立 [J]. 中山大学学报 (4): 66-70.
华揽洪，1957. 北京幸福村街坊设计 [J]. 建筑学报 (3): 16-33.
华揽洪，2006. 重建中国：城市规划 30 年（1949—1979）[M]. 李颖，译 . 北京：生活·读书·新知三联书店 .
华伟，2000. 单位制向社区制的回归：中国城市基层管理体制 50 年变迁 [J]. 战略与管理 (1): 87-100.
黄富厢，1999. 上海城市规划实施的回顾与展望 [J]. 城市规划 (12): 6-7.
黄啸，2015. 上海首批工人新村建设研究 [D]. 上海：华东师范大学 .
黄勇，2009. 郊区动迁安置基地：居民的生活空间如何被生产 [C]// 陈映芳 . 都市大开发：空间生产的政治社会学 . 上海：上海古籍出版社：62-131.
江建军，2004. 棚户区本地居民的代际流动研究 [D]. 上海：华东师范大学 .
解放日报社编委会，1950. 上海解放一年 [M]. 上海：解放日报出版社 .
柯兰君，李汉林，2001. 都市里的村民：中国大都市的流动人口 [M]. 北京：中央编译局出版社 .
蓝宇蕴，2005. 都市里的村庄：一个“新村社共同体”的实地研究 [M]. 北京：生活·读书·新知三联书店 .
李汉林，1993. 中国单位现象与城市社区的整合机制 [J]. 社会学研究 (5): 23-32.
李汉林，2004. 中国单位社会：议论、思考与研究 [M]. 上海：上海人民出版社 .
李路路，2013. “单位制”的变迁与研究 [J]. 吉林大学社会科学学报 (1): 11-14.
李路路，李汉林，1989. 中国的单位组织 [M]. 杭州：浙江人民出版社 .
李培林，2001. 社会生活支持网络：从单位到社区的转变 [J]. 江苏社会科学 (1): 53-55.
李祥瑞，2006. 城市人民公社运动研究 [M]. 长沙：湖南人民出版社 .

李颖春，2017.“新村”：一个建筑历史研究的观察视角 [J]. 时代建筑 (2): 16-20.
李友梅，2002. 基层社区组织的实际生活方式：对上海康健社区实地调查的初步认识 [J]. 社会学研究 (4): 15-23.
李芸，2006. 工人新村与社会主义城市想象：从“上海的早晨”中的城市景观谈起 [J]. 北京大学研究生学志，22(1): 105-112.
刘海峰，2012. 77、78 级大学生的命运与作为 [N]. 光明日报，2012-07-25(14).
联合征信所，1947. 上海制造厂商概览 [M]. 上海：联合征信所发行 .
刘卫东，2001. 上海市居民生活方式和住宅空间研究 [M]. 上海：同济大学出版社 .
刘小萌，2009. 中国知青史 1966—1980[M]. 北京：当代中国出版社 .
卢汉龙，1999. 单位与社区：中国城市社会生活的组织重建 [J]. 社会科学 (2): 52-54.
陆学艺，2002. 当代中国社会阶层报告 [M]. 北京：社会科学文献出版社 .
路风，1989. 单位：一种特殊的社会组织形式 [M]. 中国社会科学 (1): 71-88.
罗岗，2007. 空间的生产与空间的转移：上海工人新村与社会主义城市经验 [J]. 华东师范大学学报（哲学社会科学版），39(6): 91-96.
罗仁朝，王德，2009. 上海流动人口聚居区类型及其特征研究 [J]. 城市规划 (2): 31-37.
吕俊华，罗，张杰，2003. 中国现代城市住宅：1840—2000[M]. 北京：清华大学出版社 .
迈斯纳，2005. 马克思主义、毛泽东主义与乌托邦主义 [M]. 张宁，陈铭康，译 . 北京：中国人民大学出版社 .
毛泽东，1983. 论党的作风和党的组织 [M]. 北京：人民出版社 .
毛泽东，1991. 第七届中央委员会第二次全体会议上的报告 [G]// 毛泽东 . 毛泽东选集（第四卷）. 北京：人民出版社：14-27.
毛泽东，1991. 中国社会各阶级的分析 [G]// 毛泽东 . 毛泽东选集（第一卷）. 北京：人民出版社：3-11.
孟眉军，2006. 上海棚户区空间变迁研究 [D]. 上海：华东师范大学 .
孟兆敏，2008. 农民工住房问题研究：以上海为例 [J]. 大众科学 (1): 89.
潘鸣啸，2010. 失落的一代：中国的上山下乡运动 1968—1980[M]. 北京：中国大百科全书出版社 .
庞松，1997. 略论解放战争时期中共对上海的接管 [J]. 近代史研究 (2): 284-312.
彭真，1991. 城市应建立街道办事处和居民委员会 [G]// 彭真 . 彭真文选：1941—1990 年 . 北京：人民出版社：240-241.
冉绵惠，2005. 民国时期保甲制度研究 [M]. 四川大学出版社 .
任焰，潘毅，2006. 宿舍劳动体制：劳动控制与抗争的另类空间 [J]. 开放时代 (3): 124-134.
桑荣林，1993. 上海房屋纠纷仲裁 100 例 [M]. 上海：上海人民出版社 .
斯考特，2004. 国家的视角：那些试图改善人类状况的项目是如何失败的 [M] 王晓毅，译 . 北京：社会科学文献出版社.
《上海财政税务志》编纂委员会，1995. 上海财政税务志 [M]. 上海：上海社会科学院出版社.
《上海城市规划志》编纂委员会，1999. 上海城市规划志 [M]. 上海：上海社会科学院出版社.
《上海房地产志》编纂委员会，1999. 上海房地产志 [M]. 上海：上海社会科学院出版社.
《上海工运志》编纂委员会，1997. 上海工运志 [M]. 上海：上海社会科学院出版社.
《上海计划志》编纂委员会，2001. 上海计划志 [M]. 上海：科学技术文献出版社.
《上海民政志》编纂委员会，2000. 上海民政志 [M]. 上海：科学技术文献出版社.
《上海青年志》编纂委员会，2002. 上海青年志 [M]. 上海：科学技术文献出版社.
上海社会科学院经济研究所，1983. 英美烟草公司在华企业资料汇编 [R]. 第 3 卷. 北京：中华书局.
上海社科院经济所，1962. 上海棚户区的变迁 [M]. 上海：上海人民出版社.
上海市档案馆，1989. 上海解放 [M]. 北京：档案出版社.
上海市档案馆，2006. 城市记忆：上海历史发展档案图集 [M]. 上海：上海辞书出版社.
上海市房屋土地管理局，1999. 上海房地产业的改革与发展回顾 [J]. 中国房地产 (9): 10-12.
《上海市普陀区志》编纂委员会，1994. 普陀区志 [M]. 上海：上海社会科学院出版社.
上海市人民政府，1991. 上海市土地使用权有偿转让办法 [M]. 上海：上海土地学会.
上海市调查中心，2013. 大型居住社区居民满意度调查 [R]. 社会调查专报 (12).
上海市统计局，1992. 上海统计年鉴：1992[M]. 上海：上海人民出版社.
上海市统计局，2008. 上海统计年鉴：2008[M]. 北京：中国统计出版社.
上海市统计局，2010. 上海统计年鉴：2010[M]. 北京：中国统计出版社.
上海市统计局，2011. 上海统计年鉴：2011[M]. 北京：中国统计出版社.
《上海烟草志》编纂委员会，1998. 上海烟草志 [M]. 上海：上海社会科学院出版社.
《上海住宅（1949—1990）》编辑部，1993. 上海住宅 (1949—1990) [M]. 上海：上海科学普及出版社.
《上海住宅建设志》编纂委员会，1998. 上海住宅建设志 [M]. 上海：上海社会科学院出版社.
沈志华，2007. 中苏同盟破裂的原因和结果 [J]. 中共党史研究 (2): 29-42.
宋从伟，2011. 上海鞍山地区公共服务设施布局变迁研究 [D]. 上海：同济大学.
孙会岩，周璐，2011. 改革开放以来上海国有企业产权改革的历史分析 [J]. 新时期党史研究 (7): 15-18.
孙洋波，2009. 中共树立劳模历史的过程考察 [J]. 工会博览 (2): 58.
孙哲，2008. 都市邻里的形成：从业主到市民 [D]. 上海：华东师范大学.
泰勒，2007. 1945 年后西方城市规划理论的流变 [M]. 李白玉，陈贞，译. 北京：中国建筑工业出版社，2007.
覃明兴，2005. 移民的身份建构研究 [J]. 浙江社会科学 (1): 88-94.

田凯，1995. 关于农民工的城市适应性的调查分析与思考 [J]. 社会科学研究 (5): 90-95.
托聂夫，1958. 城市住宅区的规划和建筑 [J]. 未木，译. 建筑学报 (1): 23-30.
汪定曾，1956. 上海曹杨新村住宅区的规划设计 [J]. 建筑学报 (2): 1-15.
汪定曾，1959. 关于上海居住区规划设计和住宅设计质量标准问题的探讨 [J]. 建筑学报 (7): 13-16.
汪定曾，徐荣春，1962. 居住建筑规划设计中的几个问题的探讨 [J]. 建筑学报 (2): 6-13.
王邦佐，2003. 居委会与社区治理：城市社区居民委员会组织研究 [M]. 上海：上海人民出版社.
王春光，1995. 社会流动与社会重构：京城浙江村研究 [M]. 杭州：浙江人民出版社.
王春光，2000. 流动中的社会网络：温州人在巴黎和北京的行动方式 [J]. 社会学研究 (3): 109-123.
王汉生，1997. 浙江村：中国农民进入城市的一种特殊方式 [J]. 社会学研究 (1): 58-69.
王瑞芳，2015. 新中国成立之初城市职工住宅环境与工人新村建设 [J]. 史学月刊 (4):100-110.
王硕克，1962. 居住小区规划设计的探讨 [J]. 建筑学报 (1): 8-11.
王松杰，2011. 转型与演化：我国大城市工人新村的社会空间探析——以沪宁两地为例 [D]. 南京：东南大学.
王伟强，2015. 基于行为特征的住区模式与低碳效应关系研究：以上海曹杨新村为例 [J]. 城市规划学刊 (3): 36-48.
王颖，2002. 上海城市社区实证研究：社区类型、区位结构及变化趋势 [J]. 城市规划汇刊 (6): 33-40.
温晓颖，2010. 哈尔滨工人新村更新策略研究 [D]. 哈尔滨：哈尔滨工业大学.
吴维平，王汉生，2002. 寄居大都市：京沪两地流动人口住房现状分析 [J]. 社会学研究 (3): 92-110.
吴志华，翟桂萍，汪丹，2008. 大都市社区治理研究：以上海为例 [M]. 上海：复旦大学出版社.
武者小路实笃，1927. 新村 [M]. 孙百刚，译. 上海：光华书局.
项飚，1996. 传统与新社会空间的生成：一个中国流动人口聚居区的历史 [J]. 战略与管理 (6): 99-111.
项飚，1998. 社区何为：对北京流动人口聚居区的研究 [J]. 社会学研究 (6): 54-62.
项飚，2000. 跨越边界的社区：北京浙江村生活史 [M]. 北京：生活·读书·新知三联书店.
谢志岿，2005. 村落向城市社区的转型：制度、政策与中国城市化进程中城中村问题研究 [M]. 北京：中国社会科学出版社.
熊月之，1999. 上海通史 [M]. 上海：上海人民出版社.
徐贲，2006. “文革”时期的物质文化和日常生活秩序 [J]. 当代中国研究 (3): 141-154.
徐珂，1998. 居委会能成为社区居民自治组织吗？社会 (10): 37-38.
薛凤旋，2002. 中国城市与城市发展理论的历史 [J]. 地理学报，57(6): 723-730.
杨辰，2009. 日常生活空间的制度化：20 世纪 50 年代上海工人新村的空间分析框架. 同济大学学报（社会科学版）(6): 38-44.
杨辰, 2011. 社会主义城市的空间实践 : 上海工人新村（1949—1978）[J]. 人文地理 (3): 35-40.
杨辰, 2012. 城市移民化社区中的居住流动 : 上海工人新村 N 的实地调查 [J]. 国际城市规划 (6): 69-77.
杨东平, 1994. 城市季风 : 北京和上海的文化精神 [M]. 北京 : 东方出版社 .
杨开道, 1930. 新村建设 [M]. 上海 : 世界书局 .
杨可, 2016. 劳工宿舍的另一种可能 : 作为现代文明教化空间的民国模范劳工宿舍 [J]. 社会 (2): 58-76.
杨奎松, 2004. 新中国巩固城市政权的尝试 : 以上海镇反运动为中心的历史考察 [J]. 华东师范大学学报 (9): 1-20.
杨奎松, 2007. 从供给制到职务等级工资制 [J]. 历史研究 (4): 111-137.
杨廷宝, 1955. 国际建筑师协会第四届大会情况报道 [J]. 建筑学报 (2): 69.
叶伯来, 1989. 上海建设 : 1949—1985[M]. 上海 : 科学技术文献出版社 .
俞创硕, 汪刚, 1952. 新建的工人住宅： 曹杨新村 [N]. 解放日报, 1952-07-06(5).
袁进, 丁云亮, 王有富, 2008. 身份建构与物质生活 : 20 世纪 50 年代上海工人的社会文化生活 [M]. 上海 : 上海书店出版社 .
曾祥委, 2009. “劳模”制度的反思 [J]. 特区实践与理论 (6): 85-87.
张济顺, 1993. 上海研究论丛 [J]. 上海 : 上海社会科学院 .
张济顺, 1996. 沦陷时期上海的保甲制度 [J]. 历史研究 (2): 44-55.
张济顺, 2004. 上海里弄 : 基层政治动员与国家社会一体化走向 (1950—1955)[J]. 中国社会科学 (2): 178-188.
张剑, 1997. 二三十年代上海主要产业职工工资级差与文化水平 [J]. 史林 (4): 81-89.
张婧, 2007. 劳动模范 : 在道德与权力之间 : 从社会学的视角看一种道德教育制度 [J]. 开放时代 (2): 107-123.
张乐天, 2005. 告别理想 : 人民公社制度研究 [M]. 上海 : 上海人民出版社 .
张梁, 上海当代艺术博物馆, 2016. 市民都会 : 上海——现代城市主义的样本 [M]. 上海 : 上海人民美术出版社 .
张仲礼, 1990. 近代上海城市研究 : 1840—1949[M]. 上海 : 上海人民出版社 .
赵晔琴, 2007. 农民工 : 日常生活中的身份建构与空间型构 [J]. 社会 (6): 175-188.
赵晔琴, 2008. “居住权”与市民待遇 : 城市改造中的“第四方群体”[J]. 社会学研究 (2): 118-132, 244-245.
中国人民对外文化协会上海市分会, 1957. 上海的工人新村 [M]. 上海 : 上海人民美术出版社 .
周大鸣, 高崇, 2001. 城乡结合部社区研究 : 广州南景村 50 年变迁 [J]. 社会学研究 (4): 99-108.
周而复, 2004. 上海的早晨 : 第 6 部 [M]. 北京 : 文化艺术出版社 .

周浩泉，1990. 我是如何通过租地造屋经营房产的 [C]// 文史资料工作委员会 . 旧上海的房地产经营 . 上海：上海人民出版社：55-59.
周晓虹，2004. 芝加哥社会学派的贡献与局限 [J]. 社会科学研究 (6): 94-98.
周仲海，2006. 建国前后上海工人工薪与生活状况之考察 [J]. 社会科学 (6): 83-91.
朱大可，2003. 石库门 VS 工人新村 [J]. 南风窗，(12): 80.
朱国民，2006. 上海旧保甲制度的废除与里弄居民委员会诞生 [G]// 上海市档案馆 . 档案里的上海 . 上海：上海辞书出版社 .
朱健刚，2002. 国与家之间：上海邻里的市民团体和社区运动的民族志 [D]. 香港：香港中文大学 .
朱文铁，2009. 上海 1949: 比战争更宏大的较量 [J]. 三联生活周刊，528(18): 74-82.
朱晓阳，2011. 小村故事：地志与家园 [M]. 北京：北京大学出版社 .
朱英，孔令彬，2010. 近代上海房客团体的产生、发展及其组织特点 [J]. 浙江学刊 (2): 90-100
庄英章，1977. 一个台湾市镇的社会经济发展史 [M]. 上海：上海人民出版社 .

西文文献

AGIER M, 1996. Les savoirs urbains de l'anthropologie[J]. Enquête (4):35-58.
AGRÈS V D, 2000. Amère banlieue, les gens des grands ensembles[M]. Paris: Grasset.
AMIOT M, 1986. Contre L'etat, Les Sociologues - Les Éléments Pour Une Histoire De La Sociologie Urbaine En France (1900-1980)[M]. Paris: EHESS.
AMOUGOU E, 2006. Les grands ensembles: un patrimoine paradoxal[M]. Paris: l'Harmattan.
ANTIER G, 1986. Aménager Shanghai[M]. Paris: IAURIF.
ASCHER F, 1998. Logement en question[M]. Paris: Édition de l'Aube.
ASCHER F, 2001. Les nouveaux Principes de l'Urbanisme[M]. Paris: Edition de l'Aube.
AUBERT C, 1986. La société chinoise après Mao: Entre autorité et modernité[M]. Paris: Fayard.
AUDIN J, 2008. Le quartier, lieu de réinvention des relations Etat-société en Chine urbaine: l'exemple des comités de résidents à Pékin[J]. Raisons politiques, 29(1): 107-117.
AUTHIER J-Y, 2001. Du domicile à la ville. Vivre en quartier de baiser[M]. Paris: Anthropos.
AUTHIER J-Y, BACQUÉ M H, GUERIN-PACE F, 2007. Le quartier:enjeux scientifiques, actions politiques et pratiques sociales[M]. Paris: La Découverte.
AUTHIER J-Y, 2008. Les citadins et leur quartier. Enquêtes auprès d'habitants de quartiers anciens centraux en France[J]. L'Année sociologique, 58: 21-46.
AVANZA M, LAFERTÉ G, 2005. Dépasser la 'construction des identités'? Identification, image sociale, appartenance[J]. Genèses, 61(4): 134-152.
BARNETT A-D, 1966. Social stratification and aspects of personnel management in the Chinese communist bureaucracy[M]. New York: Columbia University press.

BAUGNET L, 1998. L'identité sociale[M]. Paris: Dunod.
BELLANGER F, 2000. Habitat(s): questions et hypothèses sur l'évolution de l'habitat [M]. Paris: Éditions de l'Aube.
BERGÈRE M-C, 1958. Choses vues en Chine[J]. Techniques, art, science, 17: 18.
BERGÈRE M-C, 1989. Les capitalistes shanghaiens et la période de transition entre nationalisme et communisme: 1948-1952[J]. Etudes Chinoises, 8: 7-30.
BERGÈRE M-C, 2002. Histoire de Shanghai[M]. Paris: Fayard.
BERGÈRE M-C, 2005. Le développement urbain de Shanghai, un 'remake'?[J]. Vingtième Siècle. Revue d'histoire, 85: 45-60.
BERGÈRE M-C, BIANCO L, DOMES J, 1990. La Chine au XXe siècle: De 1949 à aujourd'hui[M]. Paris: Fayard.
BERTAUX D, 1976. Histoires de vie ou récits de pratiques. Méthodologie de l'approche biographique en sociologie[M]. Paris: Rapport de recherche au Cordes.
BONNIN M, 2004. Génération perdue: Le mouvement d'envoi des jeunes instruits à la campagne en Chine, 1968-1980[M]. Paris: Éditions de l'EHESS.
BONVALET C, FRIBOURGE A M, 1990. Stratégies résidentielles[M]. Paris: INED.
BONVALET C, LELIÈVRE E, 2005. Les lieux de la famille[J]. Espaces et sociétés, 120-121: 99-122.
BONVALET C, MAISON D, 1999. Famille et entourage: le jeu des proximités[C]// BONVALET C, GOTMAN A, GRAFMEYER Y, La famille et ses proches, aménagement des territoires. Paris: PUF-INED: 27-63.
BOURDIN A, 2003. Urbanisme et quartier: ce que nous apprend paris Rive gauche[J]. Terrain, 41: 137-148.
BOURDIN A, 2004. Masboungi A. Un urbanisme des modes de vie[M]. Paris: Le Moniteur Éditions.
BRANTLY W, 1991. Transfigured community: neo-Traditionalism and work unit socialism in China[J]. The China Quarterly, 126: 313-332.
BRAY D, 2005. Social space and governance in urban China: the danwei system from origins to reform[M]. California: Stanford University press.
BRUN J, 1990. Mobilité résidentielle et stratégie de localisation[C]// BONVALET C, FRIBOURGE A M Stratégies résidentielles. Paris: INED: 299-311.
BUTLER R, NOISETTE P, 1983. Le logement social en France 1815-1981: de la cite ouvrière au grand ensemble[M]. Paris: La Découverte/Maspero.
CASTELLS M, 1975. La question urbaine [M]. Paris: Édition F.MASPERO.
CAUE (conseil d'architecture d'urbanisme et de l'environnement), 2002. Le logement social en Europe: Genèse, développement et actualité [M]. Lyon: CAUE du Rhône.
CÉFAÏ D, 2003. L'enquête de terrain [M]. Paris: La découverte.
CHAMBOREDON J-C, LEMAIRE M, 1970. Proximité spatiale et distance sociale: les grands ensembles et leur peuplement [J]. Revue française de sociologie, 11(1): 3-33.
CHAMBOREDON J-C, MATHY J-P, 1985. L'appartenance territoriale comme principe de

classement et d'identification[J]. Sociologie du Sud-Est. no.41-44: 61-82.

CHAN K-W, 1992. Post-1949 Urbanization trends and policies: an overview[C]// GULDIN G E. Urbanizing China. Westport: Greenwood press: 41-64.

CHAN K-W, 1994. Cities with Invisible Walls: Reinterpreting Urbanization in Post 1949 China[M]. Hong Kong: Oxford University press.

CHARMES E, 2006. La vie périurbaine face à la menace des 'gated community'[M]. Paris: L'Harmattan.

CHEN Tiejun, SELDEN M, 1994. The origins and social consequences of China's Hukou System[J]. The china quarterly, septemebre, 139: 644-668.

CHISHOLM D, 1989. Coordination without hierarchy: informal structures in multi-organization systems[M]. Berkeley: University of California Press.

CHOKO M H, CHEN Guangting, 1994. Le défi du logement urbain en Chine[M]. Laval(Québec): éditions du Méridien.

Chombart de Lauwe P-H, 1956. La vie quotidienne des familles ouvrières[M]. Paris: Centre National de la Recherche Scientifique (CNRS).

CHOMBART DE LAUWE P-H, 1960. Famille et habitation[M]. Paris: Editions du CNRS.

CLÉMENT P, GED F, QI W, 1988. Transformations de l'habitat à Shanghai, rapport de recherche pour le plan construction (Ministère de l'Equipement)[M]. Paris: Institut Français Architecture (IFA).

COING H, 1966. Rénovation urbaine et changement social: l'ilot no 4 (paris 13e) [M]. Paris: Editions Ouvrières.

DEBORAH S D, 1993. Urban households: supplicant to a socialist state [C]// Deborah S D, Harrell S, Chinese families in the Post-Mao china Era. Berkeley: University of California Press: 50-76.

DEBORAH S D, 1995. Urban spaces in contemporary china – the potential for autonomy and community in Post-Mao china[M]. New York: Woodrow Wilson center press and Cambridge university press.

DEBORAH S D, 2003. From Welfare Benefit to Capitalized Asset: The Re-Commodification of Residential Space in Urban China. [C]// FORREST R, LEE J. Chinese Urban Housing Reform. London: Routledge: 183-196.

DI MÉO G, 1994. Epistémologie des approches géographiques et socio-anthropologiques du quartier urbain[J]. Annales de Géographie, 577: 255-275.

DOULET J-F, 2005. Quand les villes chinoises viennent au monde[J]. Urbanisme, 341: 41-43.

DUFAUX F, FOURCAUT A, 2004. Le monde des grands ensembles[M]. Paris: Creathis.

DURKHEIM E, 1985. Les règles de la méthode sociologique[M]. Paris: PUF.

ELEB M, 1982. Le logement et la construction de l'identité[J]. Bulletin de Psychologie, 361: 735-746.

ERIKSON R, GOLDTHORPE J H, 1992. The Constant Flux. A Study of Class Mobility in Industrial Societies [M]. Oxford: Clarendon Press.

ESTÈBE P, 2004. L'Usage des quartiers. Action publique et géographie dans la politique de la ville (1982-1999)[M]. Paris: L'Harmattan.

FERRÉ I, 1999. Quotidiens de quartiers: restructuration urbaine, gestion de proximité, sécurité, communication[M]. Paris: Fnsahlm.

FESTY P, 1990. Mobilité résidentielle des femmes séparées: une étape dans le cycle familial[C]// BONVALET C, FRIBOUGE A M, Stratégies résidentielles. Paris: INED: 231-252.

FIJALKOW Y, 2002. Sociologie de la ville[M]. Paris: La Découverte.

FILLOUX J-C, 2005. Analyse d'un récit de vie[M]. Paris: PUF.

FUNG Ka-iu, 1981. The space development of Shanghai[C]// HOWE C, Shanghai, Revolution, Development in Asian Metropolis. London: Cambridge University Press: 269-300.

GANS H J, 1962. The urban villagers, group and class in the life of Italians Americans [M]. New York: New York Free Press.

GAULTON R, 1981. Political mobilization in Shanghai 1949-1951[C]// HOWE C. Shanghai, Revolution, Development in Asian Metropolis. London: Cambridge university press: 35-65.

GED F, 1989. Les lilong de Shanghai: Déclin ou renouveau de l'habitat traditionnel[C]// HENRIOT C, Shanghai dans les années 1980. Lyon: Cahiers du GRECC: 54-73.

GED F, 1993. Le développement de Shanghai: la nouvelle donne de la décennie 90 [J]. Perspectives Chinoises, 16: 20-25.

GED F, 1994. Le devenir des lilong de Shanghai, métropole de forte densité[C]// MARC H C, CHEN Guangting. Le défi urbain du logement. Laval (Québec): éditions du Méridien: 173-192.

GED F, 1995. Shanghai, gestion du désordre et pathologie de croissance [J]. Les cahiers de la recherché architecturale, Marseille: Editions Parenthèses, no. 35-36: 199-214.

GED F, 1995. Urbaine et foncier à Shanghai: conflits et enjeux 1949-1994[C]// HENRIOT C, DELISSEN A, les Métropoles Chinoises au XXe Siècle. Paris: Editions Arguments: 226-244.

GED F, 1997. Shanghai: Habitat et structure urbaine 1842-1995[D]. Paris: EHESS.

GIPOULOUX F, 1981. Les problèmes politiques et sociaux en Chine à la fin de 1e plan quinquennal: le monde ouvrier et la crise du travail syndical en 1957[D]. Paris: EHESS.

GIPOULOUX F, 1986. Les cents fleurs à l'usine: agitation ouvrière et crise du modèle soviétique en Chine (1956-1957)[M]. Paris: Éditions de l'EHESS.

GIPOULOUX F, 1989. Sociologie et réforme: la renaissance de la sociologie en république populaire de Chine[C]// Schmutz G M, Sociologie de la Chine et sociologie chinoise. Genève: Librairie Droz: 51-68.

GIPOULOUX F, 1993. La Chine vers l'économie de marché: la longue marche de L'après Mao[M]. Paris: Nathan.

GIPOULOUX F, 2005. La Chine du 21e siècle, nouvelle superpuissance?. Paris: Armand Colin.

GOFFMAN E, 1973. La mise en scène de la vie quotidienne [M]. Paris: Editions de Minuit.

GRAFMEYER Y, 1994. Sociologie urbaine[M]. Paris: Nanthan.

GRAFMEYER Y, 2007. Le quartier des sociologues[C]// AUTHIER J-Y, BACQUE M-H, GUÉRIN-PACE F. Le quartier: Enjeux scientifiques, actions politiques et pratiques sociales. Paris: La

Découverte: 21-31.
GRANICK D, 1990. Chinese state enterprises: a regional property right analysis [M]. Chicago: University of Chicago Press.
GUILHEM F, 1988. Le réveil de Shanghai: stratégies économiques 1949-2000 [J]. Le courrier des pays de l'Est, 325(1): 3-40.
GUILHEM F, 1990. Production du logement à Shanghai [R]. Paris: IFU.
HALBWACHS M, 1919. Les exploitations et le prix des terrains à Paris(1860-1900) [M]. Paris: Société nouvelle d'Edition.
HALBWACHS M, 1938. Morphologie sociale[M]. Paris: Librairie Armand Colin.
HALBWACHS M, 1950. La mémoire collective[M]. Paris: PUF.
HAUMONT N, LEVY J-P, 1998. La Ville éclatée:quartier et peuplement[M]. Paris: L'Harmattan.
HENDERSON J V, IOANNIDES Y M, 1983. A Model of tenure choice[J]. American economic review, 73: 98-113.
HENRIOT C, 1993. Villes et société urbaine en Chine aux XIXe-XXe siècles[J]. Historiens et géographies, 340: 217-232.
HENRIOT C, DELISSEN A, 1995. Les métropoles chinoises au XXe siècle [M]. Paris: Edition Arguments.
HENRIOT C, SHI Lu, 1996. La réforme des entreprises en Chine: les entreprises shanghaiennes entre Etat et marché[M]. Paris: L'Harmattan.
HENRIOT C, ZHENG Zu'an, 1999. Atlas de Shanghai: Espaces et représentations de 1849 à nos jours [M]. Paris: Edition CNRS.
HENRIOT C, ZHENG Zu'an, 2002. Les divisions de la ville à Shanghai: XIXe-XXe siècles[C]// TOPALOV C. Les divisions de la ville. Paris: Edition UNESCO, Edition de la Maison des Sciences de l'Homme: 157-190.
HOA L, 1981. Reconstruire la Chine-trente ans d'urbanisme:1949-1979[M]. Paris: Éditions de Moniteur.
HOFFMANN C, 1974. The Chinese worker [M]. New York: State University of New York Press.
HONIG E, 1992. Creating Chinese Ethnicity: Subei People in Shanghai, 1850-1980 [M]. New Haven: Yale University Press.
HOWE C, 1968. The supply and administration of urban housing in mainland China: the case of Shanghai[J]. The China Quarterly, 33: 73-97.
HOWE C, 1981. Industrialization under condition of long-run population stability: Shanghai's achievement and prospect[C]// HOWE C, Shanghai, Revolution, Development in Asian Metropolis. London: Cambridge University Press: 153-187.
HUGUETTE M, 1982. Les rapports de voisinage dans les immeubles divisés par appartements, notamment dans les grands ensembles [M]. Paris: L.G.D.J.
KANG Chao, 1966. Industrialization and urban housing in communist China[J]. The Journal of Asian Studies, 25(3): 382-396.
KAUFMANN J-C, 1983. La vie en HLM, usages et conflits [M]. Paris: Editions ouvrières.

KOKOREFF M, 2003. La Force des quartiers: de la délinquance à l'engagement politique [M]. Paris: Payot.

LAURANS V, 2001. Logements et confort à Shanghai. L'exemple de Wanli, ensemble résidentiel modèle [J]. Perspectives chinoises, 68: 37-46.

LAURANS V, 2005. Shanghai: l'argument du confort pour déplacer les résidents urbains. Le cas de Jianyeli, projet-pilote de restauration [J]. Perspectives chinoises, no. 87, janvier –février: 10-21.

LEDRUT R, 1968. Sociologie Urbaine [M]. Paris: PUF.

LEFEBVRE H, 1967a. Quartier et vie de quartier [J]. Cahiers de l'IAURP, 7: 9-12.

LEFEBVRE H, 1967b. Le droit à la ville [M]. Paris: Antropos.

LEFEBVRE H, 1991. La Production de l'Espace[M]. Paris: Anthropos.

LI Hanlin, WANG Qi, 1996. Research on the Chinese work unit society[M]. Frankfurt: Peter Lang.

LIPIANSKY E M, 1992. Identité et communication, l'expérience de groupe[M]. Paris: PUF.

LIU Xin, 1998. Yao: The practice of everyday space in northern rural Sha'anxi [C]// Wen-hsin Yeh. Landscape, culture and power in Chinese society. Berkeley: University of California: 129-152.

LU Duanfang, 2006. Remaking Chinese urban form: modernity, scarcity and space[M]. London: Routledge.

LU Junhua, ROWE P-G, 2001. Modern Urban housing in China (1840-2000) [M]. New York: Prestel.

LYNN T W, 1974. Career in Shanghai: the social guidance of personal energies in a developing Chinese city (1946-1966) [M]. Berkeley: University of California Press.

MA L J-C, WU Fulong, 2005. Restructuring the Chinese city: changing society, economy and space [M]. London: Routledge.

MANSUY M, MARPSAT M, 1994. Les quartiers des grandes villes: contrastes sociaux en milieu urbain [M]. Paris: INSEE.

MEISNER M, 1982. Marxism, Maoism, and utopianism: eight essays [M]. Madison: University of Wisconsin Press.

MERLE A, ZHANG Lun, 2007. La Chine en transition: regards sociologiques [C]. Cahiers internationaux de sociologie, 122.

MERLIN P, CHOAY F, 1988. Dictionnaire de l'urbanisme et de l'aménagement [M]. Paris: PUF: 557-561.

METTON A, 1969. Le quartier: études géographique et psychosociologique [J]. Canadian geographer, 4: 299-316.

METTON A, 1974. L'espace vécu diversité des approches [J]. L'Espace Géographique, jan-mars: 228-230.

MIÈGE P, 2005. Les évolutions de la danwei dans la chine des reformes: une analyse des changements de la société urbaine (1978-2004) [D]. Paris: EHESS.

MORROW-JONES H A, 1988. The Housing Life-cycle and the transition from renting to owning a home in the United States: a multistage analysis[J]. Environment and planning A, 20(9):

1165-1184.
NEMET-PIER L, 2006. Investissement et aménagement de l'espace dans la dynamique familiale [J]. Imaginaire & Inconscient, 18(2): 215-224.
PASSERON J C, 1990. Biographies, flux, trajectoires [J]. Revue française de sociologie, 31(1): 3-22.
PERRY E, 1993. Shanghai on strike: the politics of Chinese labor[M]. Stanford: Stanford University press.
PINÇON M, 1982. Cohabiter: groupes sociaux et modes de vie dans une cité hlm [R]. Paris: Plan de Construction.
PINEAU G, 2007. Les histoires de vie[M]. Paris, PUF.
PRETECEILLE E, 2007. Is gentrification a useful paradigm to analyze social changes in the Paris metropolis? [J]. Environment and planning A, 30: 10-31.
QUENTIN C, 1978. L'imaginaire d'un vieux quartier [J]. Espaces et sociétés, no. 24-27: 113-124.
RAGVALD I, 1981. The emergence of worker-writers in Shanghai [C]// HOWE C. Shanghai, Revolution, Development in Asian Metropolis. London: Cambridge University Press: 301-325.
RAYMOND H, 1966. L'Habitat pavillonnaire. Paris: CRU.
READ B L, 2003. Democratizing the Neighbourhood New Private Housing and Homeowner Self-organization in Urban China [J]. The China Journal, 49: 31-59.
ROCCA J-L, 2006. La condition chinoise: la mise au travail capitaliste a l'âge des reformes (1978-2004) [M]. Paris: Karthala.
ROCCA J-L, 2008. La société chinoise vue par ses sociologues, Migrations, villes classe moyenne drogue, sida [M]. Paris: Presse Science Politique.
ROCCA J-L, 2010. Une Sociologie de la Chine [M]. Paris: La Découverte.
ROULLEAU-BERGER L, SHI Lu, 2005. Inégalités, niches économiques et diversité de parcours migratoires: le cas des travailleurs migrants à Shanghai [J]. Perspectives chinoises, 87: 2-12.
ROUX A, 1989. La double emprise – les ouvriers de Shanghai et leur rôle politique a la veille de la victoire communiste [J]. Etudes chinoises, 8(2): 31-68.
ROUX A, 1991. Ouvriers et ouvriers de Shanghai à l'époque de Guomindang (1927-1949) [M]. Paris: Edition Université de Paris I, Panthéon-Sorbonne.
ROUX A, 1993. Le Shanghai ouvrier des années trente-coolies, gangsters et syndicalistes[M]. Paris: l'Harmattan.
ROUX A, 1995a. Grèves et politiques a Shanghai: les désillusions (1927-1932)[M]. Paris: Éditions de l'EHESS.
ROUX A, 1995b. Relation ouvriers avec gouvernement: Le Guomindang et les ouvriers de Shanghai (1938-1948): la déchirure[J]. Le Mouvement Social, 173: 69-96.
RULLIAT A, 2006. Les politiques de lutte contre le chômage à Shanghai depuis les années 2000 [C]. Paris: Les Etudes du CERI, 123.
SANJUAN T, 2001. Pékin, Shanghai, Hong Kong: Trois destins de villes dans l'espace chinois[C]// Lacoste Y. Géopolitique des grandes villes. Paris: Hérodote: 153-179.

SCHURMANN F, 1968. Ideology and organization in communist China [M]. Berkeley: University of California Press.

SCHWARTZ O, 1990. Le monde prive des ouvriers: homme et femme du Nord [M]. Paris: PUF.

SENG Kuan, ROWE P, 2005. Shanghai: architecture and urbanism for modern China [M]. Munich, London, New York: Prestel.

SHI Chen, 1995. Municipal leadership and interest-oriented mass participation: the process of housing reform plan in Shanghai [J]. Journal of Contemporary China, 4(10): 45-65.

SIMON P, 1998. Mobilité résidentielle et milieu de vie des immigrés[C]// Grafmeyer Y, Dansereau F, Trajectoires familiales et espaces de vie en milieu urbain. Lyon: PUL: 417-445

STEBE J M, MARCHAL H, 2007. La sociologie urbaine [M]. Paris: PUF.

TAJFEL H, 1972. La catégorisation sociale[C]// MOSCOVICI S. Introduction à la psychologie sociale. Paris: Larousse: 292.

TAJFEL H, 1974. The social identity of intergroup behaviour [J]. Social Science Information, 13(2): 65-93.

TAJFEL H, TURNER J C, 1979. An integrative theory of intergroup conflict[C]// WORCHEL S, AUSTIN W. The social psychology of intergroup relations. Canada: Pacific Grove: 33-48.

TANG Xiaojing, 2009. Femmes au foyer, filles de fer et retour au foyer, Genre et travail à Shanghai sur quatre générations, 1949-2007. Enquête dans une usine agro-alimentaire[D]. Paris: ENS-EHESS.

TAYLOR N, 1998. Urban planning theory since 1945 [M]. Califonia: SAGE Publication.

THIREAU I, HUA Linshan, 2001. Ouvriers migrants et 'écoles du soi' à Shenzhen [J]. Perspectives chinoises, 65: 36-48.

THIREAU I, HUA Linshan, 2004. Les migrants et la mise à l'épreuve du système du hukou[J]. Etudes chinoises, 23: 275-311.

THOMSIN L, 2005. Trajectoire résidentielle et cycle de vie[C]// GUILLAUME J-F, LALIVE D'EPINAY C, THOMSIN L. Parcours de vie: regards croisés sur la construction des biographies contemporaines. Liège: Éditions de l'Université de Liège: 19-42.

TISSOT S, 2007. L'Etat et les quartiers: genèse d'une catégorie de l'action publique [M]. Paris: Seuil.

TOPALOV C, 2003. Traditional Working-Class Neighborhoods: An Inquiry into the Emergence of a Sociological Model in the 1950s and 1960s [J]. Osiris, 18: 212-233.

TOPALOV C, 2006. Maurice Halbwachs, L'Expérience de Chicago [J]. Annales Histoire, Sciences sociales, 61(3): 555-581.

VERRET M, CREUSEN J, 1979. L'espace ouvrier [M]. Paris: Armand Colin.

VIGNAL C, 2005. Les espaces familiaux à l'épreuve de la délocalisation de l'emploi: ancrages et mobilités de salariés de l'industrie [J]. Espaces et sociétés (2), no. 120-121: 179-197.

WAKEMAN F E, 2002. The Shanghai Badlands: Wartime Terrorism and Urban Crime(1937-1941) [M]. London: Cambridge University Press.

WALDER A G, 1986. Communist Neo-Traditionalism: Work and Authority in Chinese Industry[M].

Berkeley: University of California Press.
WANG Chunguang, 1995. Les communautés de 'provinciaux' dans les grandes villes: conflits et intégration [J]. Perspectives chinoises, 29: 22-26.
WANG Yaping, MURIE A, 1999. Housing policy and practice in China[M]. New York: St. Martin's Press.
WHITE M K, 1992. Urban china: a civil society in the making [C]// LEWIS R. State and society in china – the consequences of reform. Boulder – San Francisco – New York: Westview Press: 77-101.
WHITE M K, PARISH W L, 1984. Urban life in contemporary China [M].Chicago: University Press.
WIRTH L, 1938. Urbanism as A Way of Life [J]. American Journal of Sociology, 44:1-24.
WU Fulong, 2007. China's emerging cities: the making of new urbanism [M]. London, NewYork: Routledge.
WU Xiaogang, TREIMAN D, 2004. The Household registration system and social stratification in China (1955-1996) [J]. Demography, 41(2): 363-384.
YAN Yunxiang, 2006. Private Life under Socialism: Love, Intimacy, and Family Change in a Chinese Village, 1949-1999 [M]. Stanford: Stanford University Press.
YANG Chen, 2012. La mobilité résidentielle dans un quartier ouvrier à Shanghai: le cas du nouveau village de Caoyang[J]. Études Chinoises, 31: 125-140.
YANG Kuisong, 2008. Reconsidering the Campaign to Suppress Counter revolutionaries [J]. The China Quarterly, 193: 102-121.
ZERMANI M, 2006. La stigmatisation du quartier: terrain miné ou passerelle vers l'extérieur ? Entretien avec les jeunes [J]. Sociétés, 94: 45-54.
ZHANG Kai, 2010. Droit au délogement et protection du patrimoine: Xiangyuan Lu et Gujia Lu, deux projets de rénovation dans la Vieille Ville de Shanghai (2003-2009)[D]. Paris: EHESS.
ZHAO Yeqin, 2008. Construction des espaces urbains et renovation d'un quartier de Shanghai: la problématique de la migration et du changement social, thèse en sociologie [D]. Paris: ENS Cachan.

档案资料

上海市档案馆（上海市中山东二路 9 号，邮编：200002）

A20-1-81-7. 普陀区建立人民公社准备工作的几点意见 . 1959.

A6-2-64. 普陀区南英华里情况调查、嵩山区恒茂里情况调查 . 1953-09-26.

A54-2-158-82. 上海市规划管理局关于曹杨、日晖新村住宅现状综合调查 . 1957-05-25.

B1-2-1402. 中共上海市普陀区区委：曹杨新村及两万户工房租赁管理办法、租金标准 .1952.

B46-1-89-1. 中共上海市郊区工作委员会民政办公室：新村工人家属委员会进行整顿工作的初步意见 . 1954.

B168-1-30. 市委关于里弄整顿工作的指示 . 1954-08-02.

H1–27–1–32. 印度、苏联及土耳其和平代表团在上海活动照片集 .

Q193-4-668. 中国纺织工会上海申新九厂委员会：上海申新第九纺织厂有关曹杨新村分配申请书 . 1952.

普陀区档案馆（上海市大渡河路 1668 号，邮编：200333）

76.2.69. 曹杨一村里委会基本情况 . 1975-10-19.

其他档案来源

曹杨新村街道办事处（上海市普陀区花溪路 199 号，邮编：200063）

曹杨一村居民委员会（上海市曹杨新村 142 号二楼，邮编：200063）

曹杨新村村史馆（上海市普陀区曹杨花溪路 199 号，邮编：200063）

数据库与其他网络资源

上海市地方志：shtong.gov.cn

上海统计年鉴：www.stats-sh.gov.cn/html/sjfb/tjnj

香港中文大学中国研究服务中心：www.usc.cuhk.edu.hk

香港中文大学中国研究服务中心民间历史档案库：mjlsh.usc.cuhk.edu.hk

中国学术文献网络出版总库：cnki.sstir.cn

Visual Shanghai：virtualshanghai.net

曹杨一村居委会博客：blog.sina.com.cn/yy20110521

曹杨新村村史馆：www.shpt.gov.cn/caoyang/cyts-cunshi

曹杨新村街道社区报：sqcb.zhoudaosh.com/cy

上海市普陀区人民政府：www.shpt.gov.cn

上海知青网 - 知青研究：zhiqingwang.shzq.org/studyList.aspx

索引

后记

从2006年启动工人新村研究计划，到2012年完成答辩，我所经历的不仅是6年的论文写作，也是从“走近”到“走进”，再到“走出”新村世界的田野过程，也是我的研究取向从“工程技术”到“社会科学”的一次重要转变。

本书的完成首先要感谢我的博士论文导师——法国社会科学高等研究院（EHESS）近现代中国研究中心（CECMC）的Francois Gipouloux教授，他关于中国当代经济和社会史的课程帮助我打开了理解中国城市现象的新视野。我们在巴黎咖啡馆里一次次关于论文的讨论犹如昨日，我至今仍保留着他在论文初稿里各种详细而生动的批注。

我还要感谢近现代中国研究中心的Isabelle Thireau教授、Pairault Thierry教授、Michelle Bonnin教授、 Nivard Jacqueline博士，法国国家科学研究中心（CNRS）的Christian Topalov教授、Isabelle Bakouche教授，里昂二大（Université Lyon 2）的Jean-Yves Authier教授和上海交通大学的陈映芳教授，他们出色的研究和课程讨论总能在我困惑的时候给予启发，令我的研究得以不断前行。

特别要感谢法国文化部遗产司“当代中国建筑观察站”（OACC）主任、“150名中国建筑师在法国”项目负责人Françoise Ged女士，通过她的引导和帮助，我真正体会到了法兰西精神中的人文关怀与社会责任，通过阅读法国来反观中国。

感谢在论文写作期间一起并肩战斗在法国的学友们：南楠、孙哲、汲喆、倪玉珍、杨帆、马骏、吴同、唐晓菁、莫浙娟、李冰、黄辉、官丽达、黄全乐、秦力崴、Sébastien Goulard、Marlène Leroux、Hélène Steinmetz……恕我在此无法一一列出。感谢法国研究机构的开放性，使我们有机会相识于各类讲座与读书会，和他们的交流让我体会到学术共同体的乐趣，我将永远珍惜这段共同度过的美好时光。

感谢调研期间给予大力协助的李京生教授。感谢曹杨一村居委会的毛耀昌书记、赵丹青主任和孙雅芳阿姨，没有他们的支持就没有这本书。感谢那些接受访谈的新村居民，他们的故事无论是喜是悲，他们的声音无论是赞美还是批评，都值得更多的人去了解与倾听。

感谢于海教授、李颖春博士在成书过程中富有建设性的意见。感谢邓欣和、翟丽王芝、诸欣亦、谢琛、辛蕾、贾姗姗、徐浩文、刘姿辰、张修宁同学帮忙绘制插图。感谢上海图书馆历史文献中心黄显功主任、陈果嘉先生，以及解放日报社视觉中心张陌主任为本书部分历史照片所提供的帮助。也感谢周轩编辑、张微美术编辑后期细致的编辑和装帧设计工作。

最后的感谢献给我的家人，感谢你们始终如一的关爱、理解与支持，你们是我勇敢前行的永恒动力。

杨辰

2019 年 6 月